硬件趣学 Python 编程

主　编　李忠智　王　雪
副主编　黄　彬　盛雪丰

西安电子科技大学出版社

内 容 简 介

本书创新地采用基于硬件设备学习软件编程的方式介绍 Python 语言，并通过在做游戏中学知识的方式，将枯燥的软件知识融入到有趣的硬件游戏开发中，既提升了学生的学习兴趣，又提高了学习效率。

本书主要内容包括：基础语法、Python 画国旗、制作简单计算器、制作猜拳游戏、控制 LED 与制作跑马灯、贪吃蛇游戏制作、2048 的游戏制作、开发俄罗斯方块游戏、网络编程制作表情发送器。

本书可作为高职及本科院校计算机专业 Python 程序设计课程的教材，也可供软硬件设计人员及爱好者参考使用。

图书在版编目 (CIP) 数据

硬件趣学 Python 编程 / 李忠智，王雪主编. —西安：西安电子科技大学出版社，2019.9(2020.5 重印)
ISBN 978-7-5606-5470-6

Ⅰ. ① 硬…　Ⅱ. ① 李…　② 王…　Ⅲ. ① 软件工具—程序设计　Ⅳ. ① TP311.561

中国版本图书馆 CIP 数据核字(2019)第 190577 号

策划编辑　高　樱
责任编辑　王　艳　雷鸿俊
出版发行　西安电子科技大学出版社(西安市太白南路 2 号)
电　　话　(029)88242885　88201467　　　邮　　编　710071
网　　址　www.xduph.com　　　　　　　电子邮箱　xdupfxb001@163.com
经　　销　新华书店
印刷单位　陕西日报社
版　　次　2019 年 9 月第 1 版　　2020 年 5 月第 2 次印刷
开　　本　787 毫米×1092 毫米　1/16　印　张　12.75
字　　数　298 千字
印　　数　1001～3000 册
定　　价　33.00 元
ISBN 978-7-5606-5470-6 / TP
XDUP 5772001-2
如有印装问题可调换

前　　言

Python 作为一门编程语言，以其简洁清晰的语法、优雅明确的设计哲学、丰富完整的扩展能力、充分彻底的面向对象应用、开源免费的共享体系，在近年来得到了广大软件开发人员及编程爱好者的青睐。随着人工智能、物联网及大数据产业的兴起，Python 作为主要使用的开发语言，正被各个新型行业广泛应用，尤其在物联网领域掀起了一场以 Python 语言简化硬件开发的新风潮。使用 Python 开发硬件打通了软硬件之间的技术壁垒，让更多的爱好者能够更简单、容易地参与硬件开发，也为未来物联网产业的发展提供了强劲的动力。

本书正是顺应这一发展趋势，将硬件开发与软件学习相结合，创新地采用基于硬件设备学习软件编程的方式介绍 Python 语言，并配合丰富的游戏实例，力求提升读者的学习兴趣，并提高其学习效率。本书每章将软件知识和硬件游戏相结合，在知识点和软件案例讲解之后引入硬件游戏实例，通过硬件游戏实例强化读者对 Python 知识的理解和应用能力，并创新地使用"唐僧式"教学法，即在各个游戏实例中将学过的知识点反复使用，并详细讲解。期望通过边学、边练、边做、边玩的方式，使读者在学到编程技能之外，也可以学到硬件知识。

本书共 9 章。第 1 章为基础知识，介绍 Python 语言的开发环境、Skids 硬件平台以及硬件烧录等相关知识。第 2 章为 Python 画国旗，主要介绍变量及数据类型，并通过 turtle 库使读者可以在 Skids 上绘制各国国旗。第 3 章为制作简单计算器，主要介绍各种数据类型和基础运算，并辅以计算器的开发实例。第 4 章为制作猜拳游戏，主要介绍程序的分支结构、条件判断语句，并介绍硬件猜拳游戏的制作。第 5 章为控制 LED 与制作跑马灯，主要介绍循环结构、循环语句，并在 Skids 上通过循环制作跑马灯效果。第 6 章为贪吃蛇游戏制作，主要介绍列表、元组、字典等复杂的数据类型，并介绍贪吃蛇游戏的制作。第 7 章为 2048 的游戏制作，主要介绍函数和模块、全局变量和局部变量，并介绍 2048 游戏的制作。第 8 章为开发俄罗斯方块游戏，主要介绍面向对象思想、封装、继承和多态，并在俄罗斯方块游戏中使用面向对象编程。第 9 章为网络编程制作表情发送器，主要介绍 MQTT 的原理及使用，并介绍表情互发游戏的制作。

本书第 1 章、第 7 章、第 8 章由李忠智(辽宁生态工程职业学院)编写，第 2 章、第 3 章由王雪(辽宁轨道交通职业学院)编写，第 6 章、第 9 章由黄彬(辽宁生态工程职业学院)编写，第 4 章、第 5 章由盛雪丰(苏州信息职业技术学院)编写。李忠智负责全书设计和统稿。本书的编写得到了沈阳牛艾科技有限公司的技术支持和帮助，在此表示衷心的感谢。

本书几经修改，既有各位编者实际教学经验的积累，又结合硬件开发游戏案例的创新设计，是各位编者的心血和智慧的结晶，也是在计算机软件教学改革探索中的一次重要尝试。各位编者在编写过程中力图做到最好，但是疏漏和不足之处在所难免，殷切希望广大读者批评指正，希望通过本书的学习能给读者全新的学习体验和丰富的知识收获。

编　者
2019 年 5 月

目　　录

第 1 章

基 础 知 识

　　Python 是什么？为什么要学习它？在学习 Python 之前，我们首先要解决的问题就是这几个。可能很多人都听说过 Python，知道它是一门编程语言，但说不清它究竟是什么，好在哪，为什么有这么多人愿意花时间去学习它，那么就让我们带着这些问题开始本章的学习吧。希望通过本章的学习，帮助你了解什么是 Python，学会使用集成开发环境，熟悉 Skids 开发板，学会固件的烧写，知道 MicroPython 与交互式的解释器，并完成第一个 Python 程序的编写。

1.1　认识 Python

1.1.1　起源

　　Python 的创始人为吉多·范罗苏姆(Guido van Rossum)，他于 1989 年年底开发了 Python，那时他还在荷兰的 CWI(Centrum Wiskunde & Informatica，国家数学和计算机科学研究院)工作。1989 年的圣诞节期间，为了在阿姆斯特丹打发时间，吉多决心开发一个新的解释程序，作为 ABC 语言的一种继承。ABC 是由吉多参与设计的一种教学语言，就他本人来看，这种语言非常优美和强大，是专门为非专业程序员设计的。但是这种语言并没有获得成功，究其原因，吉多认为是非开放造成的。因此，他在 Python 中避免了这一错误，并因此获得了非常好的效果。

　　1991 年，第一个 Python 解释器诞生，它是用 C 语言实现的，并能够调用 C 语言的库文件。吉多选中 Python(蟒蛇)作为程序的名字，Python 的标识也是由两条蛇组成的，如图 1-1 所示。这主要是因为他是 BBC 电视剧——巨蟒特技飞行表演团(Monty Python's Flying Circus)的爱好者，他希望这门新的语言能实现他的理念，即是一种能在 C 和 Shell 之间，功能全面、易学易用、全面开放的可拓展的语言。

图 1-1　Python 的标识

1.1.2　特点

1. 高级语言

伴随着每一代编程语言的产生，我们会达到一个新的高度。汇编语言使人们从繁杂的机器代码中解脱出来，随后的 FORTRAN、C 和 Pascal 语言将计算提升到了崭新的高度，并且开创了软件开发行业，同时诞生了更多的诸如 C++、Java 等现代编译语言。但人们没有止步于此，于是产生了强大的可以进行系统调用的解释型脚本语言，如 Perl 和 Python。

这些语言都有高级的数据结构，这样就减少了开发"框架"需要的时间，如 Python 中的列表(大小可变的数组)和字典(哈希表)就是内建于语言本身的。而在核心语言中提供这些重要的构建单元，可以鼓励人们使用它们，以缩短开发时间与代码量，产生可读性更好的代码。在 C 语言中，混杂数组(Python 中的列表)和哈希表(Python 中的字典)没有相应的标准库，所以它们经常被重复实现，并被复制到每个新项目中。这个过程混乱而且容易产生错误。C++使用标准模板库改进了这种情况，但是标准模板库是很难与 Python 内建的列表与字典的简洁和易读相提并论的。

2. 面向对象

面向对象编程为数据和逻辑相分离的结构化与过程化编程添加了新的活力。面向对象编程支持将特定的行为、特性以及"和/或"功能与它们要处理或所代表的数据结合在一起。Python 的面向对象的特性是与生俱来的。然而，与 Java 或 Ruby 不同的是，Python 不仅仅是一门面向对象语言，事实上它融汇了多种编程风格。例如，它甚至借鉴了一些像 Lisp、Haskell 等函数语言的特性。

3. 可扩展

首先，即使一个项目中有大量的 Python 代码，项目管理者依旧可以有条不紊地通过将其分离为多个文件或模块加以组织管理，而且还可以从一个模块中选取代码，从另一个模块中读取属性。除此之外，对于所有模块，Python 的访问语法都是相同的。不管这个模块是 Python 标准库中的还是新建的，甚至是用其他语言编写的，扩展起来都没问题！借助这些特点，使用者可根据需要"扩展"这门语言。

其次，对于项目中那些性能要求极高的部分，可以使用 C 语言编写来作为对 Python 的扩展。重要的是，这种扩展需要 Python 调用 C 语言的接口，这些接口和 Python 模块的接口是一模一样的，其代码和对象的访问方法也是如出一辙的。唯一不同的是，这些 C 语言的代码为性能带来了显著的提升。很多时候，使用编译型代码重写程序的瓶颈部分是十分有必要的，因为它能明显提升项目的整体性能。

所以程序设计语言中的这种可扩展性使得工程师能够灵活附加或定制工具，以缩短开发周期。虽然 C、C++、Java 等主流第三代语言都拥有该特性，但是 Python 的优势是可以很容易地使用 C 语言编写扩展。此外，PyRex 等工具允许使用 C 和 Python 混合编程，这使编写扩展更加轻而易举，因为它会把所有的代码都转换成 C 语言代码。

除此之外，Python 可以使用多种语言进行扩展。由于标准实现是使用 C 语言完成的(即CPython)，所以可以使用 C 和 C++编写 Python 扩展。Python 的 Java 实现被称做 Jython，可以使用 Java 编写其扩展。此外，IronPython 是针对 .NET 或 Mono 平台的 C#实现，可以使用 C#或者 VB.NET 扩展 IronPython。

4. 丰富的库

Python 内置了很多预编译并可移植的功能模块，涵盖了从字符模式到网络编程等一系列应用级编程任务。此外，Python 可通过自行开发的库和众多的第三方库简化编程，而 Python 社区提供了大量的第三方库，其使用方式与标准库的类似，并且这些库的功能涵盖科学计算、人工智能、机器学习、Web 开发、数据库接口、图形系统等多个领域。因为 Python 拥有大量第三方库，所以开发人员不必重复编写代码，只要善于利用这些库就可以完成绝大部分的开发工作。

1.1.3　解释型语言

计算机是不能够识别高级语言的，所以当我们运行一个高级语言程序的时候，就需要一个"翻译机"把高级语言转变成计算机能读懂的机器语言。这个过程分为两种：第一种是编译，第二种是解释。

如图 1-2 所示，编译型语言在程序执行之前，会先通过编译器对程序执行一个编译过程，把程序转变成机器语言，运行时不再翻译，直接执行即可，最典型的例子就是 C 语言。

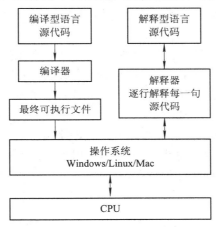

图 1-2　编程语言执行过程

解释型语言没有编译过程，它是在程序运行的时候，通过解释器对程序逐行作出解释，然后直接运行，最典型的例子是 Ruby 语言。

Python 是一种解释型语言，这意味着开发过程中没有了编译这个环节。一般来说，由于不是以本地机器码运行，因此纯粹的解释型语言通常比编译型语言运行得慢。然而，类似于 Java，Python 实际上是字节编译(把模块编译成二进制语言程序的这个过程叫做字节编译)的，其结果就是可以生成一种近似机器语言的中间代码。这不仅改善了 Python 的性能，还同时使它保持了解释型语言的优点。

1.1.4　为什么学习 Python

1. 易学、易读

Python 关键字少、结构简单、语法清晰，这使得学习者可以在相对较短的时间内轻松上手。对初学者而言，感觉比较新鲜的可能就是 Python 的面向对象的特点了。那些还未能全部精通 OOP(Object Oriented Programming，面向对象的程序设计)的人对直接使用 Python 还是有所顾忌的，但是 OOP 并非必需或者强制的，其入门也是很简单的，学习者可以先稍加涉猎，等到有所准备之后再开始使用。

Python 与其他语言显著的差异是，它没有其他语言通常用来访问变量、定义代码块和进行模式匹配的命令式符号。通常这些符号包括：美元符号($)、分号(;)、波浪号(~)等。没有这些符号，Python 代码变得更加清晰和易于阅读。让很多程序员欣慰的是，不同于其他语言，Python 可以让其他人很快理解程序员编写的代码。我们甚至可以说，即使对那些之前连一行 Python 代码都没看过的人来说，Python 代码也是相当容易理解的。

2. 用途广泛

Python 可以用来做网络爬虫。在制作网络爬虫方面，Python 更为方便、快捷，这也是 Python 被广泛使用的一大原因，并且在爬取数据后，直接使用 Python 对数据进行解析处理也是十分方便的。

Python 可以用来做数据分析。在大数据时代，用数据发现问题、解决问题，是很多公司的处世之道。它们深知，用户有时候会说假话，但是用户的行为不会说谎。数据可以说明一切问题，而 Python 语言由于其对数据挖掘的高效性，成为了数据分析师的第一首选语言。

Python 可以应用于人工智能领域。目前，人工智能领域展现出一片欣欣向荣的前景，而现在主流的人工智能开源框架很多是用 Python 完成的。另外，Python 和 C/C++的联系非常紧密，这使得 Python 在人工智能开发方面占据很大的优势：真正涉及效率的，可直接通过 Python 调用底层的 C/C++来完成。

此外，Python 还广泛应用于 Web 全栈开发、网络编程、游戏开发、Linux 服务器、自动化运维、金融分析、科学运算等诸多领域中，如图 1-3 所示。所以如果有这么一门语言既易学易懂，又应用广泛，如果让你选择，为什么不去学习它呢？

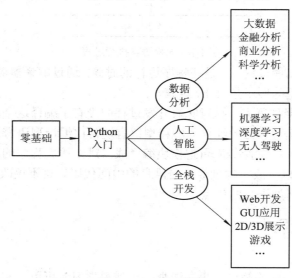

图 1-3   Python 用途

1.1.5 Python 的版本

Python 有几个不同的版本，且这些版本都在不断的迭代中，更新版本会定期发布。目前，有五种完备的、强大的和稳定的主流 Python 实现。

(1) CPython 是老版本 Python，也是我们通常所称的 Python。它既是编译器，也是解释器；它有一套全部用标准 C 语言编写的标准程序包和模块；它可以直接用于所有流行的开发平台。大多数 Python 第三方程序包和库与此版本兼容。

(2) PyPy 是 Python 一个更快的实现，它使用 JIT 编译器使代码的运行速度比使用 CPython 编写的代码的运行速度更快——有时提供达 10~100 倍的加速。PyPy 还有更高的内存效率，它支持 greenlet 和 stackless，从而具有高并行性和并发性。

(3) Jython 是 Java 平台的 Python 实现，它支持 Java 虚拟机(Java Virtual Machine，JVM)，并且适用于任何版本的 Java(最好是 Java 7 以上)。通过使用 Jython，你可以使用所有类型的 Java 库、包和框架来编写代码。此外，当你更多地了解 Java 语法和 Java 中广泛使用的 OOP 原则(如类、对象和接口)时，会发现 Jython 的效果最好。

(4) IronPython 是流行的 Microsoft.NET 框架的 Python 实现，也称为通用语言运行时 (Common Language Runtime，CLR)。你可以使用 IronPython 中的所有 Microsoft CLR 库和框架，即使你实质上并不需要在 C#中编写代码，它也有助于你更多地了解 C#的语法和构造，以有效地使用 IronPython。

(5) MicroPython 是 Python 语言的精简和高效实现，它可以让你的代码轻松地运行在单片机或嵌入式系统中。除了一系列的核心 Python 库外，MicroPython 提供了访问硬件和操作底层设备的驱动库，实现了在单片机或嵌入式系统中 Python 的快速开发。

默认的 Python 版本是 CPython 实现，而只有当你真的有兴趣与其他语言(如 C#和 Java)进行接口并需要在代码库中使用它们时，才建议去尝试其他版本的 Python。

除了实现的不同之外，Python 程序还有两个不同的版本：Python 2.x 和较新的 Python 3.x，它们是非常相似的，但是在 Python 3.x 版本中出现了几个向后不兼容的变化，这导致在使用 Python 2.x 的人和使用 Pyhton 3.x 的人之间产生了巨大迁移。PyPI(Python 官方的第三方库的仓库)上的大多数遗留代码和大部分的 Python 包都是在 Python 2.7.x 中开发的，因为所需的工作量不小，许多程序包的所有者没有时间或意愿将其所有代码库移植到 Python 3.x 中。

如果你的系统安装了这两个版本，可直接使用 Python 3.x；如果没有安装 Python，则安装 Python 3.x；如果只安装了 Python 2.x，也可直接使用它来编写代码，但还是要尽快升级到 Python 3.x，因为这样你就能使用最新的 Python 版本了。

1.2 搭建软件编程环境

Python 是一种跨平台的编程语言，这意味着它能够运行在所有主要的操作系统中。在所有安装了 Python 的计算机上，都能够运行用户所编写的任何 Python 程序。当然，在不同的操作系统中，Python 的安装方法存在细微的差别。

1.2.1　安装 Python 并使用交互式解释器

　　具体的安装步骤视使用的操作系统和安装方式而异，但最简单的方法是访问 www.python.org，其中有下载页面的链接。安装过程非常简单，不管用户使用的是 Windows、 macOS、Linux/UNIX 还是其他操作系统，只需单击链接就可访问相应的最新版本。如果用户使用的是 Windows 或 Mac，将下载一个安装程序，可通过运行它来安装 Python；如果用户使用的是 Linux/UNIX，将下载到源代码压缩文件，需要按说明进行编译，但通过使用 Homebrew、APT 等包管理器可简化安装过程。

　　安装 Python 后，尝试启动交互式解释器。要从命令行启动 Python，只需执行命令 python。 如果同时安装了较旧的版本，可能需要执行命令 python3。启动 Python 后，可看到类似于下面的提示符：

```
Python 3.6.4 (default, Jul 8 2017, 04:57:36)
[GCC 4.2.1 Compatible Apple LLVM 7.0.0 (clang-700.1.76)] on darwin
Type "help", "copyright", "credits" or "license" for more information.
>>>
```

　　Python 提供了交互式的解释器，可以输入如下代码：

```
>>> print("Hello, world!")
```

　　按下回车键后，将出现如下输出：

```
Hello, world!
>>>
```

　　以上代码的 "\>\>\>" 是 Python 提示符(prompt)。提示符是程序等待输入信息时显示的符号。"\>\>\>" 提示符的意思是 Python 已经准备好了，在等着输入 Python 指令。如果输入 print("Hello, world!")并按回车键，Python 解释器将打印字符串"Hello, world!"，然后再次显示提示符。这种交互式的解释器方便我们了解程序的执行状态及各个变量的当前值，它可以提供交互环境实时运行程序，这样就可以在编程时实时测试，及时发现并解决问题。

1.2.2　集成开发环境

　　除了上面介绍的这种交互的方式在 shell 或者命令提示符下运行，Python 有没有自己的集成开发环境呢？答案是有，而且有很多，Python 自带了一个 IDLE，其界面如图 1-4 所示。

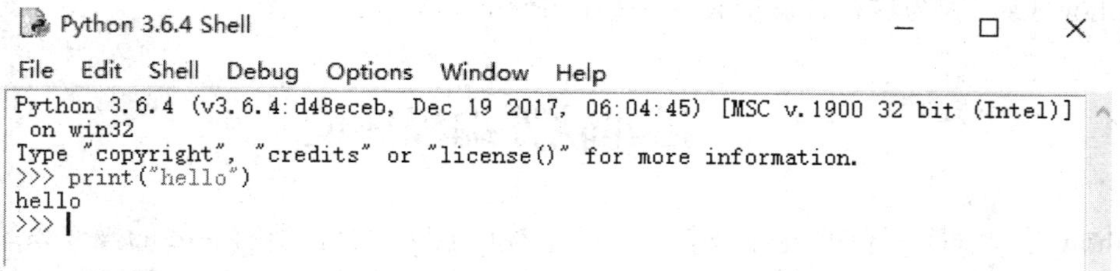

```
Python 3.6.4 Shell                              —   □   ×
File  Edit  Shell  Debug  Options  Window  Help
Python 3.6.4 (v3.6.4:d48eceb, Dec 19 2017, 06:04:45) [MSC v.1900 32 bit (Intel)]
 on win32
Type "copyright", "credits" or "license()" for more information.
>>> print("hello")
hello
>>>
```

图 1-4　IDLE 界面

另一个交互式的开发环境是 IPython，它的交互界面如图 1-5 所示。IPython 是一个增强的 Python 交互 shell，它拥有很多有趣的特性，包括交互式的输入与输出、可使用的 shell 命令、增强的调试等。

图 1-5　IPython 界面

在 IPython 的基础上，又产生了 Jupyter notebook，其界面如图 1-6 所示。notebook 的工作方式是将来自 Web 应用(用户在浏览器中看到的 notebook)的消息发送给 IPython 内核(在后台运行的 IPython 应用程序)，内核执行代码，然后将结果发送回 notebook。

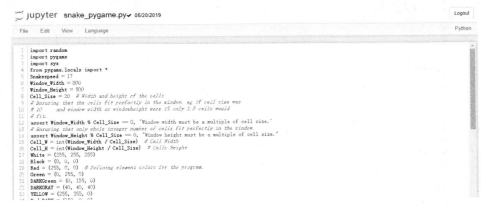

图 1-6　Jupyter notebook 界面

Jupyter notebook 是基于 Web 技术的交互式计算文档格式，它支持 Markdown 和 Latex 语法，还支持代码运行、文本输入、数学公式编辑、内嵌式画图和其他如图片文件的插入，是一个对代码友好的笔记本。

而真正称得上集成开发环境(Integrated Development Enviroment，IDE)的是 PyCharm 和 Spyder，PyCharm 是由 JetBrains 打造的一款 Python IDE，它的运行界面如图 1-7 所示。众所周知，VS2010 的重构插件 Resharper 是出自 JetBrains。那么，PyCharm 有什么吸引人的特点呢？首先，PyCharm 拥有一般 IDE 具备的功能，比如调试、语法高亮、Project 管理、代码跳转、智能提示、自动完成、单元测试、版本控制等。另外 PyCharm 还提供了一些很好的功能用于 Django 开发，同时支持 Google App Engine 和 IronPython。

图 1-7　PyCharm 界面

Spyder 是 Python(x, y)的作者为它开发的一个简单的集成开发环境。和其他的 Python 开发环境相比，Spyder 最大的优点是模仿 MATLAB 的"工作空间"的功能，可以很方便地观察和修改数组的值。

Spyder 的界面由许多窗格构成，如图 1-8 所示，用户可以根据自己的喜好调整它们的位置和大小。当多个窗格出现在一个区域时，将使用标签页的形式显示。例如在图 1-8 中，可以看到"Editor""Object inspector""Variable explorer""File explorer""Console""History log"以及两个显示图像的窗格，在 View 菜单中可以设置是否显示这些窗格。

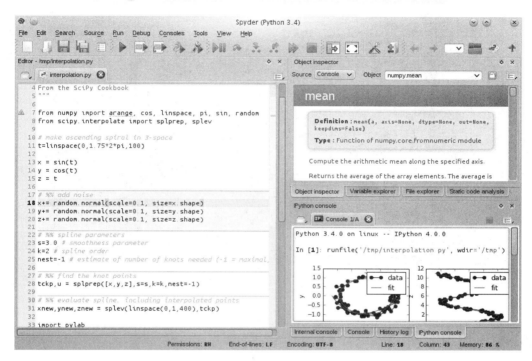

图 1-8　Spyder 界面

1.3　认识 Skids 硬件开发环境

除了 1.2 节所提到的软件开发环境，Python 还可以在硬件上运行，Skids 就是一个 Python 可运行的硬件开发板。Skids 是由沈阳牛艾科技有限公司自主研发的、高度集成的、用于教学领域的手持智能终端，它采用高性能单片机系统做控制核心，集成了 Python 开发环境和硬件支撑库，可以使 Python 编程教学变得更简单，可提高学生的学习兴趣，同时也可降低物联网、嵌入式、软件工程、电子工程、通信等各类专业的教学入门难度。

1.3.1　Skids 的硬件配置

Skids 开发板的处理器为双核 32 位 MCU，主频高达 230 MHz，计算能力可达 600 DMIPS(DMIPS 表示百万条每秒)，它集成了 WiFi 和蓝牙功能，并可以扩展支持 Zigbee 协议。如图 1-9 所示，Skids 开发板的正面搭配了 2.8 寸高清液晶屏，在屏幕下方集成了 4 个用户按键，在屏幕右侧提供了 Micro USB 接口，可以很方便地与 PC 连接；在开发板右下角提供了 3.5 mm 音频接口；在开发板背面右侧中间位置提供了 TF 卡插槽，支持 TF 卡；

在开发板背面预留了电池接口。因此 Skids 支持两种方式的供电，即通过 USB 接口供电和采用电池供电，学习或开发推荐使用 USB 接口来供电。此外，Skids 开发板独特的电源管理和低功耗技术确保其适用于各种物联网应用场景。

图 1-9　Skids 开发板

1.3.2　Skids 连接 PC

Skids 无需额外的调试器。Skids 开发板的 Micro USB 接口在开发板的侧面(如图 1-10 所示)，通过 USB 线连接至 PC 即可。

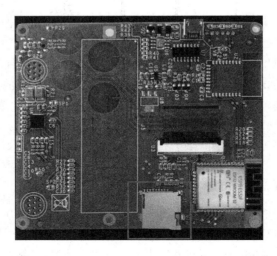

图 1-10　Skids 的 Micro USB 接口

Skids 通过 USB 线连接至 PC 后，按图 1-11 所示开启电源开关(向上拨开关)，设备上电启动，屏幕点亮。

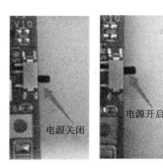

图 1-11 Skids 电源开关

Skids 连接至 PC 后，会自动进行驱动安装，无需人为操作。安装完驱动后，在设备管理器中会出现相应的串口，如图 1-12 所示。

图 1-12 PC 显示的串口信息

1.3.3 Skids 开发环境

Skids 集成了 Python 解释器和驱动库，其开发简单、使用方便，无需搭建复杂的交叉开发环境，就可实现快速入门；Skids 只需要一个名为 uPyCraft 的工具即可进行代码编辑、下载和运行。uPyCraft 是一个可运行在 Windows/MacOS 平台的 Python IDE，其界面简洁，操作便利，适合新手学习和使用。uPyCraft 内置了许多基础操作库，为众多 Python 爱好者提供了一个简单实用的集成开发环境。

uPyCraft 的下载地址：https://raw.githubusercontent.com/DFRobot/uPyCraft/master/uPyCraft.exe。

uPyCraft 为绿色版软件，直接运行即可，无需安装。uPyCraft 使用 monaco 编程字体，如果系统中没有这个字体，会弹出对话框提示安装，如图 1-13 所示，单击 OK 按钮安装字体库或者单击 Cancel 按钮取消安装均可。

图 1-13 monaco 编程字体

uPyCraft 的主界面共包含了 5 个区域：菜单栏、目录树、编辑区、终端区和工具栏，如图 1-14 所示。目录树在整个界面的左侧，可以通过不同的文件目录来管理文件，如目录 device、sd、uPy_lib、workSpace 等。其中：

device：显示已连接的开发板上存在的文件。

sd：目前版本尚未支持。

uPy_lib：显示 IDE 自带的库文件。

workSpace：用户自定义目录，保存用户自己的文件。

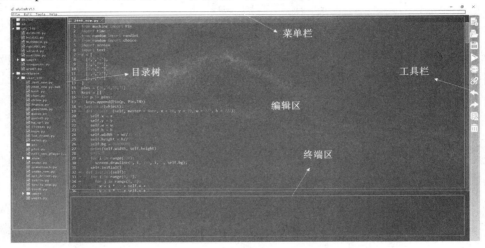

图 1-14　uPyCraft 界面

终端区在界面的下方，用于命令行的执行，同时显示程序执行的信息以及提示信息。如果有错误，终端区还会显示错误信息等。终端框相当于远程登录到了 Skids 上，可以在里面输入代码来直接运行，如图 1-15 所示。

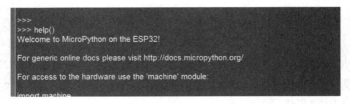

图 1-15　终端显示界面

菜单栏在界面的上方，包含了 uPyCraft 的所有操作。编辑窗口主要用于代码编辑，用户在这个区域中可以编辑、修改文件，一般源程序的编辑及修改都在这个窗口完成。这个区域顶部是文件标签，显示当前打开了哪些文件，将鼠标停留在文件名上可以查看文件的保存位置。在编辑窗口单击鼠标右键可对文件内容进行复制、粘贴等操作。

工具栏在界面的最右侧，提供最常用的快捷操作，以便于用户使用。

1.4　第一个 Python 程序

在安装完开发环境之后，可以开始第一个 Python 程序的编写。学习编程的第一个程序都是 Hello World，因为计算机科学家 Brain W.Kernighan 和 C 语言之父 Dennis M.Ritchie 合著的"The C Programming Language"(《C 语言程序设计》)中使用它作为第一个演示程序，所以后来的程序员在学习编程或进行设备调试时延续了这一习惯。在开始第一个程序之前，我们先来学习一下交互式命令行及其基本操作。

1.4.1　Skids 的交互式命令行 REPL

REPL 意为读取-求值-打印-循环(Read Evaluate Print Loop)，是 Python 的交互式命令行。Skids 通过 USB 线连接到计算机后，打开 uPyCraft，其主界面下部的终端区即为 REPL，如图 1-16 所示。目前来说，调试和测试代码的最简便的方法即使用 REPL。

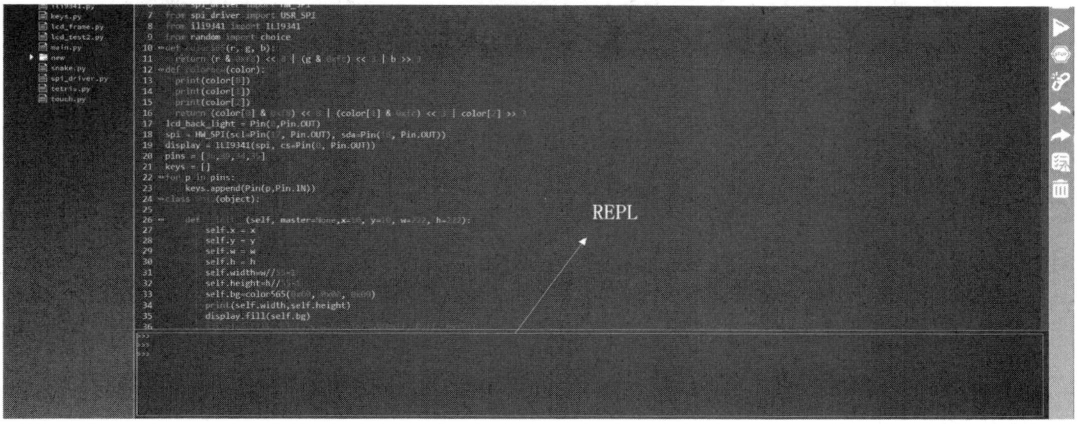

图 1-16　REPL 界面

REPL 是一个命令行形式的用户操作界面，类似 Windows 或 Linux 的命令行。RPEL 的"＞＞＞"为命令输入提示符，此处表示应在该提示符后输入命令或文本。在命令行中输入的任何内容都将在按下 Enter 键后执行。图 1-17 所示为运行输入的代码并打印出结果(若存在结果)。若输入的内容有误，则将打印错误信息。

图 1-17　正常和错误提示

1.4.2　REPL 的基本操作

REPL 的基本操作如下：

(1) 编辑行：可使用左右箭头移动光标，可使用删除键和退格键来编辑输入的当前行；可以按下 Home 键或 Ctrl+A 组合键将光标移到行的开始，按下 End 键或 Ctrl+E 组合键将光标移到行的末尾。

(2) 输入历史：REPL 会存储用户输入的前几行文本(在 ESP32 上可达 8 行)，可使用上下箭头键找回之前输入的内容。

(3) Tab 补齐：按下 Tab 键将自动补齐正在输入的当前字，这对查找模块或对象的函数很有帮助。例如，可输入“ma”并按下 Tab 键，则会自动将其补齐为“machine”(假设已经输入了 import machine)，然后输入“.”，再次按下 Tab 键即可显示 machine 模块的所有函数的列表。

(4) 粘贴模式：按下 Ctrl+E 组合键将进入特殊的粘贴模式，它允许将文本块复制并粘贴到 REPL。按下 Ctrl+E 组合键，如图 1-18 所示，将看到粘贴模式提示。

```
>>>
paste mode; Ctrl-C to cancel, Ctrl-D to finish
===
```

图 1-18　粘贴模式提示

现在可粘贴(或输入)文本了。注意：任何特殊键或指令都无法在粘贴模式下运行(例如 Tab 键或退格键)。复制完成后，按 Ctrl+D 组合键以结束文本输入并执行粘贴文本。

(5) 其他控制指令：按 Ctrl+A 组合键可进入原始 REPL 模式。这一模式类似于永久粘贴模式，只是字符不会回显。按 Ctrl+B 组合键可开启常规 REPL 模式；按 Ctrl+C 组合键可取消所有输入，或中断当前运行代码；按 Ctrl+D 组合键可启动软复位。

(6) 换行和自动缩进：输入的某些内容可能需要换行，即需要更多的文本行来创建适当的 Python 语句。此时提示符将从“>>>”变为“…”，如图 1-19 所示，光标将自动缩进，可直接开始输入下一行。

```
>>>
>>> def initDisplay():
...     bg = color565(0x00, 0x00, 0x00)
...
```

图 1-19　换行和缩进

(7) 连续三次按下 Enter 键即可完成复合语句，返回到“>>>”提示符，如图 1-20 所示。完成复合语句的另一方式为按下退格键回到行的起始处，再按下 Enter 键。若要忽略所有的输入，直接按 Ctrl+C 组合键即可。

```
>>>
>>> def initDisplay():
...     bg = color565(0x00, 0x00, 0x00)
...
...
...
>>>
```

图 1-20　返回提示符

(8) 输入 help()，则会显示 Skids 的帮助信息，如图 1-21 所示。

```
>>> help()
Welcome to MicroPython on the ESP32!

For generic online docs please visit http://docs.micropython.org/

For access to the hardware use the 'machine' module:

import machine
pin12 = machine.Pin(12, machine.Pin.OUT)
pin12.value(1)
pin13 = machine.Pin(13, machine.Pin.IN, machine.Pin.PULL_UP)
print(pin13.value())
i2c = machine.I2C(scl=machine.Pin(21), sda=machine.Pin(22))
i2c.scan()
i2c.writeto(addr, b'1234')
i2c.readfrom(addr, 4)

Basic WiFi configuration:

import network
sta_if = network.WLAN(network.STA_IF); sta_if.active(True)
sta_if.scan()                      # Scan for available access points
sta_if.connect("<AP_name>", "<password>") # Connect to an AP
sta_if.isconnected()               # Check for successful connection

Control commands:
  CTRL-A    -- on a blank line, enter raw REPL mode
  CTRL-B    -- on a blank line, enter normal REPL mode
  CTRL-C    -- interrupt a running program
  CTRL-D    -- on a blank line, do a soft reset of the board
```

图 1-21　帮助信息

1.4.3　运行 Hello World

对于程序 Hello World 或者进行代码调试与验证，可在终端框中用 REPL 的方式来执行。在 uPyCraft 的终端框上输入语句，如图 1-22 所示。

```
>>> a = "Hello world"
>>> print(a)
```

图 1-22　uPyCraft 的 Hello World

可以看到程序的执行结果，如图 1-23 所示。

```
>>> a = "Hello world"
>>> print(a)
Hello world
>>>
```

图 1-23　Hello World 运行结果

程序对变量 a 赋值，并打印 a，可以看到屏幕打印出 "Hello world"，则说明程序执行成功。大多数程序都可以直接在终端框中用 REPL 的方式来执行，但当需要解决的问题比较复杂时，可能还需要编写 .py 文件，将文件下载到开发板上执行。

1.4.4　Skids 运行 Python 文件

如果要执行 Skids 上的某个 Python 文件，选中该文件后，单击鼠标右键，在弹出的菜单中选择 Run 命令，即可执行该文件，如图 1-24 所示。

图 1-24　uPyCraft 运行程序

如果要执行 PC 本地的某个 Python 文件，选中该文件后，在右侧工具栏单击 DownloadAndRun 按钮即可，如图 1-25 所示，main.py 文件将被下载到 Skids 并执行，在 device 列表中可以看到 main.py 文件(因为已经被下载到 Skids 开发板上)。

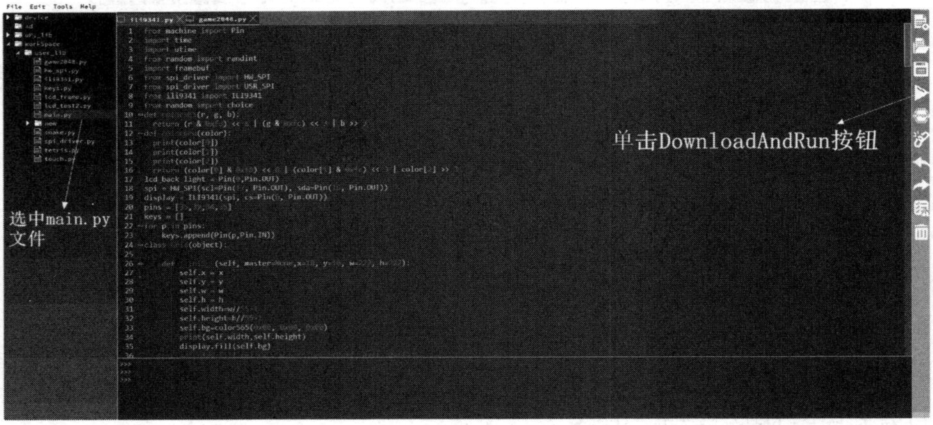

图 1-25　uPyCraft 下载并运行程序

如果要执行 PC 本地的某个 Python 文件，选中该文件后，也可以直接将文件拖拽至 device 列表中，则该文件会被自动下载到 Skids。然后在 device 的文件列表中，选中该文件，单击鼠标右键，在弹出菜单中选择 Run 命令即可执行该文件。如果终止正在运行的 Python 程序，则在右侧工具栏单击 Stop 按钮即可，如图 1-26 所示。

图 1-26　uPyCraft 终止运行程序

另外,在代码编辑完后,可以在工具栏上单击 SyntaxCheck 按钮对程序进行语法检查(注意:该按钮只会对程序进行语法检查,不会对程序逻辑作检查), 如图 1-27 所示,并可在终端框中看到打印信息。

如果程序语法正确,则终端框中只打印"syntax finish"信息,如图 1-28 所示;否则,还会打印出错误信息。

图 1-27　uPyCraft 语法检查

图 1-28　uPyCraft 语法正确的显示信息

1.5　固件烧录和程序的自动执行

固件(Firmware)是指设备内部保存的设备"驱动程序"。通过固件,系统才能按照标准的设备驱动实现特定机器的运行动作,比如光驱、刻录机等都有内部固件。固件是担任着一个系统最基础、最底层工作的软件。在硬件设备中,固件就是灵魂,因为一些硬件设备除了固件以外没有其他软件组成,因此固件也就决定着硬件设备的功能及性能。

烧录是将一些嵌入式启动所必需的软件下载到嵌入式的存储设备中,当这些固件烧录到存储器中,板子下次启动的时候,直接从这些存储器中找到这些文件,嵌入式系统就能够直接运行起来。

1.5.1　uPyCraft 访问 Skids 设备

要对 Skids 进行固件烧录,首先应有烧录的软件工具,uPyCraft 就是这样一个工具。uPyCraft 提供了固件烧录的功能,烧录之前应将其连接到 Skids 设备上,具体的步骤如下:

(1) 通过 USB 将 Skids 连接到 PC。

(2) 在 uPyCraft 的主菜单上,选择 Tools→Serial 菜单命令,再选中对应的串口,如图 1-29 所示。

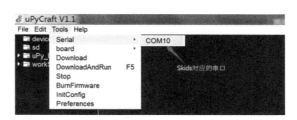

图 1-29　uPyCraft 的主菜单

(3) 连接成功后，串口号前面会出现一个对号。同时，在左侧目录树中的 device 选项前面会出现小箭头，如图 1-30 所示，单击该箭头可显示 Skids 中的文件列表。

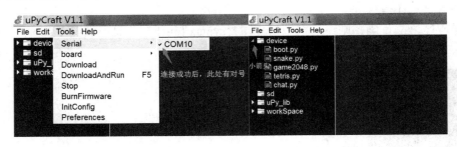

图 1-30   uPyCraft 连接成功

1.5.2   Skids 固件烧录

为了确保 Skids 正常运行，需要为 Skids 烧录固件。Skids 出厂时会统一烧录固件，但如果升级或者修复固件，则需要通过 uPyCraft 重新为 Skids 烧录固件。Skids 的固件为二进制文件，通常命名为 firmware.bin。具体的烧录过程如下：

(1) 在 uPyCraft 的主菜单上，选择 Tools→BurnFireware 菜单命令，如图 1-31 所示。

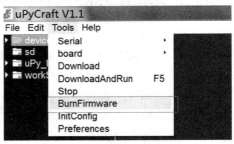

图 1-31   uPyCraft 烧录菜单

(2) 烧录固件对话框将被弹出，在 burn_addr 选项中选择 0x1000，在 Firmware Choose 选项中选中 Users 单选按钮，如图 1-32 所示。之后，单击 choose 按钮，从本地目录中选择要烧录的固件 firmware.bin。

图 1-32   uPyCraft 烧录对话框

(3) 选中待烧录的固件后，单击 ok 按钮将开始烧录固件，并弹出如图 1-33 所示窗口显示进度。

图 1-33　uPyCraft 烧录进度条

（4）固件烧录完成后，图 1-33 所示窗口自动关闭，返回 uPyCraft 主界面。同时，Skids 设备将自动重启。

（5）Skids 重启后会与 uPyCraft 断开连接，用户需重新选择 Tools→Serial 菜单命令，并选择对应的串口进行连接。

1.5.3　程序开机自动执行

下面先来了解一下 Skids 的文件结构。

boot.py：开发板启动时将执行该脚本，通常在该脚本中设置开发板的主要参数。

main.py：Python 主程序的脚本文件，在 boot.py 运行后被执行。如果 main.py 不存在，则 boot.py 执行完成后，MCU 处于空闲状态。

其他 Python 文件：Python 程序文件，由 main.py 调用运行或者通过 uPyCraft 手动运行。

例如，Skids 开机后要自动执行贪吃蛇游戏程序 snake.py，则需要将文件命名为 main.py。首先选择 device 列表中的 snake.py 文件，然后单击鼠标右键，在弹出菜单中选择 Rename 命令，并在弹出的对话框中将文件名改为 main.py，如图 1-34 所示。

图 1-34　uPyCraft 文件重命名

最后，单击 ok 按钮，并关闭 Skids 电源开关，再打开 Skids 电源开关，贪吃蛇游戏就会自动运行，如图 1-35 所示。

图 1-35　开机运行贪吃蛇游戏

本 章 小 结

本章首先介绍了 Python 语言的起源和特点、学习 Python 的意义以及 Python 传统的软件学习环境的搭建；其次介绍了硬件学习 Python 的方式、Skids 开发板的结构、Skids 的开发环境及配套的 uPyCraft 的使用方法，并用 REPL 方式完成了第一个 Python 程序 Hello World；最后介绍了固件的概念，如何向开发板烧录新的固件，以及 Skids 的文件结构，并通过设置自动运行了一个游戏程序。

本章的学习是后续课程的基础，在后续章节将通过各种有趣的硬件游戏来介绍 Python 语言的相关知识，并通过动手操作介绍编程的基本思想。

习 题

1. 什么是解释型语言？什么是编译型语言？两者有什么区别？
2. 对 Skids 进行新固件的烧录。
3. 在 Skids 上，通过新增 .py 文件来编写一个 Python 程序，并运行该程序。
4. 将一个 Python 程序设置为在 Skids 启动后自动执行。
5. 将一个本地的 Python 程序文件传到 Skids 设备上，并运行该程序。

第 2 章

Python 画国旗

2.1　认识 turtle 库

turtle 是 Python 内置的一个比较有趣的模块，俗称海龟绘图。它基于 Tkinter 模块，提供一些简单的绘图工具。海龟作图最初源自 20 世纪 60 年代的 Logo 编程语言，之后一些 Python 程序员构建了 turtle 库，使其他程序员只需要在代码头部加入 import turtle，就可以在 Python 中使用海龟作图。在 Skids 开发板下的开发实际上是一种嵌入式开发，所以 Skids 固件在 turtle 的包的基础上进行了针对 ESP32 微控制器的命令封装，屏蔽掉了硬件的环节，使开发人员可以像 PC 那样调用 turtle 库，从而实现对 LCD(液晶显示器)的绘图。

在海龟作图中，可以编写指令让一个虚拟的海龟在屏幕上来回移动。这个海龟带着一支钢笔，可以让海龟无论移动到哪都使用这只钢笔来绘制线条。通过编写代码，以各种很酷的模式移动海龟，可以绘制出令人惊奇的图片。使用海龟作图，我们不仅能够只用几行代码就创建出令人印象深刻的视觉效果，还可以观察每行代码如何影响到海龟的移动。这能够帮助我们理解代码的逻辑，所以海龟作图也常被用作新手学习 Python 的一种方式。

2.1.1　画布(canvas)

画布就是 turtle 的绘图区域，可以设置它的大小和初始位置。设置画布大小的方法有两个，方法一为 turtle.screensize(canvwidth=None, canvheight=None, bg=None)，参数分别为画布的宽(单位像素)、高、背景颜色。

【案例 2-1】　设置画布。

```
turtle.screensize(800, 600, "green")
turtle.screensize() #返回默认大小(400, 300)
```

方法二为 turtle.setup(width=None, height=None, startx=None, starty=None)，参数：width 和 height 表示输入宽和高为整数时，表示像素；为小数时，表示占据计算机屏幕的比例；(startx, starty)表示矩形窗口左上角顶点的位置，如果为空，则窗口位于屏幕中心。

```
turtle.setup(width=0.6, height=0.6)
turtle.setup(width=800, height=800, startx=100, starty=100)
```

2.1.2 画笔

1. 画笔的状态

在画布上，默认有一个坐标原点为画布中心的坐标轴，坐标原点上有一只面朝 x 轴正方向的小乌龟。在 turtle 绘图中，就是使用位置方向来描述小乌龟(画笔)的状态。

2. 画笔的属性

画笔的属性有颜色、画线的宽度等。

(1) turtle.pensize()：设置画笔的宽度；

(2) turtle.pencolor()：如果没有参数传入，则返回当前画笔颜色；如果传入参数为设置画笔颜色，则可以是字符串如"green"，"red"，也可以是 RGB 三元组。

3. 绘图命令

海龟绘图的命令可以划分为三种：一种为画笔运动命令，如表 2-1 所示；一种为画笔控制命令，如表 2-2 所示；还有一种是全局控制命令，如表 2-3 所示。

表 2-1　画笔运动命令

命　令	解　释
turtle.forward(distance)	向当前画笔方向移动 distance 像素长度
turtle.backward(distance)	向当前画笔相反方向移动 distance 像素长度
turtle.right(degree)	顺时针移动 degree 度
turtle.left(degree)	逆时针移动 degree 度
turtle.pendown()	移动时绘制图形
turtle.goto(x, y)	将画笔移动到坐标为(x, y)的位置
turtle.penup()	提起笔移动，不绘制图形，用于另起一个地方绘制
turtle.circle()	画圆，半径为正(负)，表示圆心在画笔的左边(右边)画圆
setx()	将当前 x 轴移动到指定位置
sety()	将当前 y 轴移动到指定位置
setheading(angle)	设置当前朝向为 angle 角度
home()	设置当前画笔位置为原点，朝向东
dot(r)	绘制一个指定直径和颜色的圆点

表 2-2　画笔控制命令

命　令	解　释
turtle.fillcolor(colorstring)	绘制图形的填充颜色
turtle.color(color1, color2)	同时设置 pencolor=color1, fillcolor=color2
turtle.filling()	返回当前是否在填充状态
turtle.begin_fill()	准备开始填充图形
turtle.end_fill()	填充完成
turtle.hideturtle()	隐藏画笔的 turtle 形状
turtle.showturtle()	显示画笔的 turtle 形状

表 2-3　全局控制命令

命　令	解　释
turtle.clear()	清空 turtle 窗口，但是 turtle 的位置和状态不会改变
turtle.reset()	清空窗口，重置 turtle 状态为起始状态
turtle.undo()	撤销上一个 turtle 动作
turtle.isvisible()	返回当前 turtle 是否可见
stamp()	复制当前图形

2.2　用海龟画线和圆

2.2.1　画线

利用海龟画线，首先要明确几个问题：抬笔和落笔、画笔颜色、画笔速度、起始位置、画笔初始方向、画线的长度以及如何转向等。例如，利用海龟绘图画一个正方形，边长 100 像素，左上角是坐标原点，如图 2-1 所示。

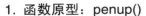

图 2-1　海龟画正方形

1. 函数原型：penup()

功能说明：抬起笔，海龟移动时没有绘图。

参数说明：无。

2. 函数原型：pendown()

功能说明：落下笔，海龟移动时有绘图。

参数说明：无。

3. 函数原型：speed(s)

功能说明：设置海龟移动的速度为 0～10 表示的整型数值。如未指定参数，则返回当前速度。

参数说明：一个 0～10 范围内的整型数或速度字符串，速度值为 1～10，画线和海龟转向的动画效果逐级加快。注意：s = 0 表示没有动画效果。speed()速度值字符串与整型数的对应关系如表 2-4 所示。

表 2-4　speed()速度值

字符串	整型数	效　果
fastest	0	最快
fast	10	快
normal	6	正常
slow	3	慢
slowest	1	最慢

【案例 2-2】 设置画笔速度。

```
>>> turtle.speed()
```

```
3
>>> turtle.speed('normal')
>>> turtle.speed()
6
>>> turtle.speed(9)
>>> turtle.speed()
9
```

4. 函数原型：goto(x, y=None)

功能说明：海龟移动到一个绝对坐标。如画笔已落下，则将会画线，且不改变海龟的朝向。

参数说明：x 为一个数值或数值对/向量；y 为一个数值或 None。如果 y 为 None，则 x 应为一个表示坐标的数值对或 Vec2D 类对象(例如 pos()返回的对象)。

【案例 2-3】 设置画笔移动到一个绝对位置。

```
>>> turtle.goto(60, 30)
>>> turtle.pos()
(60.00, 30.00)
```

5. 函数原型：heading()

功能说明：返回海龟当前的朝向。

参数说明：无。

【案例 2-4】 返回海龟当前的朝向。

```
>>> turtle.home()
>>> turtle.left(67)
>>> turtle.heading()
67.0
```

6. 函数原型：setheading(angle)

功能说明：设置海龟的朝向为 angle。

参数说明：angle 为一个数值(整型或浮点型)，具体采用顺时针还是逆时针取决于 turtle.mode()的值，默认 turtle.mode() =s tandard 表示逆时针方向，logo 表示顺时针方向。表 2-5 为以角度表示的几个常用方向。

表 2-5 　 角 度 设 置

标准模式	logo 模式
0-东	0-北
90-北	90-东
180-西	180-南
270-南	270-西

【案例 2-5】　设置海龟当前的朝向。

```
>>> turtle.setheading(90)
>>> turtle.heading()
90.0
```

7．函数原型：turtle.forward(distance)

函数功能：向正方向运动 distance 的距离。

参数说明：distance 为移动的距离。

8．函数原型：turtle. backward(distance)

函数功能：向反方向运动 distance 的距离。

参数说明：distance 为移动的距离。

9．函数原型：turtle.right(degree)

函数功能：海龟右转 degree 个单位。单位默认为角度，但可通过 degrees() 和 radians() 函数改变设置。角度的正负由海龟模式确定。

函数参数：degree 为一个数值(整型或浮点型)。

【案例 2-6】　设置海龟运动距离。

```
turtle.penup()
turtle.goto(x, y)
turtle.pendown()
turtle.pencolor(color)
turtle.setheading(0)
turtle.forward(height)
turtle.right(90)
turtle.forward(height)
turtle.right(90)
turtle.forward(width)
turtle.right(90)
```

2.2.2　画圆

函数原型：circle(radius, extent=None, steps=None)。

功能说明：绘制一个半径为 radius 的圆，圆心在海龟左边 radius 个单位。extent 为一个夹角，用来决定绘制圆的一部分，如未指定 extent 则绘制整个圆；如果 extent 不是完整圆周，则以当前画笔位置为一个端点绘制圆弧。如果 radius 为正值，则朝逆时针方向绘制圆弧，否则朝顺时针方向绘制。海龟最终的朝向会依据 extent 的值而改变。steps 为边数，且 extent 和 step 参数可有可无。

参数说明：radius 为一个数值；extent 为一个数值(或 None)；steps 为一个整型数 (或 None)。

【案例 2-7】　设置海龟画圆。

```
>>> turtle.home()
>>> turtle.position()
(0.00, 0.00)
>>> turtle.heading()
0.0
>>> turtle.circle(50)
>>> turtle.position()
(-0.00, 0.00)
>>> turtle.heading()
0.0
>>> turtle.circle(120, 180)   #画一个半圆
>>> turtle.position()
(0.00, 240.00)
>>> turtle.heading()
180.0
```

2.3 如何上颜色

2.3.1 设置填充颜色

函数原型：turtle.fillcolor()。

功能说明：返回或设置画笔的颜色。在没有参数传入时，返回当前画笔颜色。传入参数用于设置画笔颜色，可以是字符串如"green"，"red"，例如 fillcolor("red")；也可以是 RGB 三元组，例如 fillcolor((255, 255, 210))或 fillcolor(255, 255, 210)。

参数说明：参数可以为空，也可以是一个字符串，这个字符串是 Tkinter 控件中的颜色描述字符串，如"green"，"red"等；也可以是一个 RGB 的元祖，参数传入形式为 fillcolor((r, g, b))，或者直接写成三个参数 fillcolor(r, g, b)，色彩取值范围为 0～255 的整数或者 0～1 的小数，这取决于颜色模式 turtle.colormode(mode)，mode 值为 1.0，则 RGB 为小数模式；mode 值为 255，则 RGB 为整数模式。

2.3.2 颜色填充

1．函数原型：turtle.begin_fill()

功能说明：在绘制要填充的形状之前调用，表示填充开始。

参数说明：无参数。

2．函数原型：turtle.end_fill()

功能说明：填充上次调用 begin_fill()之后绘制的形状。

参数说明：无参数。

【案例 2-8】　设置颜色填充。

```
>>> turtle.color("black", "red")
>>> turtle.begin_fill()
>>> turtle.circle(80)
>>> turtle.end_fill()
```

2.4　在开发板上画德国国旗

2.4.1　预备知识

德国国旗是长方形，旗面自上而下由黑、红、金三个平行相等的横长方形组成。黑、红、金为德意志民族所喜爱的颜色，在德国历史上有着重要的意义，但也常常有不同的解释。现在的解释是：黑、红、金代表第二次世界大战后的共和民主政体体制，也代表德国联邦和自由的联合体，这种自由不仅仅是德国的自由，还包含了德国人民的民主自由。

2.4.2　任务要求

本任务要求如下：
(1) 绘制德国国旗，如图 2-2 所示；
(2) 国旗处在屏幕中间，国旗比例为 100:60 = 5:3；
(3) 三个等高矩形，颜色是黑、红、金。

图 2-2　德国国旗

2.4.3　任务实施

1. 确定矩形坐标

如图 2-3 所示，德国国旗由三个矩形框组成，因此首先需要确定三个矩形框的左上角和右下角坐标，这里以屏幕中心为坐标原点(0，0)。同时，因要求国旗处在屏幕的中心，所以各点坐标为：
　　A：(−75, 50)；
　　B：(75, 16)；
　　C：(−75, 16)；

图 2-3　矩形坐标点

D：(75, −16)；

E：(−75, −17)；

F：(75, −50)。

2. 填充三个矩形

画矩形实际上就是画四条直线。因此，首先需要根据坐标得出第一个黑色矩形的长与宽，这里利用绝对值函数 abs() 来进行计算。点 A、B 分别为黑色矩形左上角和右下角的坐标，则矩形的宽度为 abs(75 − (−75))，定义变量 width 用于存储该宽度。同理，黑色矩形的高度为 abs(16 − 50)，并赋值给变量 height。之后，依次进行画笔颜色设置、抬笔、移动海龟到起点处、设置默认海龟方向、设置填充颜色、画矩形、填充。代码如下：

```
turtle.fillcolor(color)
turtle.begin_fill()
turtle.fd(width)
turtle.right(90)
turtle.forward(height)
turtle.right(90)
turtle.forward(width)
turtle.right(90)
turtle.forward(height)
turtle.end_fill()
```

程序运行效果如图 2-4 所示。

图 2-4　绘图效果

3. 改进

在上面的程序中，需要重复画三个矩形，代码显得过于笨拙。可以定义一个画矩形的函数，并调用三次，同时传入相应的参数，则可实现画国旗。该函数的详细介绍会在后面章节中体现，这里只给出代码。函数定义如下：

```
def rect(x, y, color, x2, y2):
    width = abs(x2 - x)
```

```
        height = abs(y2 - y)
        turtle.pencolor(color)
        turtle.penup()
        turtle.goto(x,y)
        turtle.pendown()
        turtle.setheading(0)
        turtle.fillcolor(color)
        turtle.begin_fill()
        turtle.fd(width)
        turtle.right(90)
        turtle.forward(height)
        turtle.right(90)
        turtle.forward(width)
        turtle.right(90)
        turtle.forward(height)
        turtle.end_fill()
```

函数定义好后，只需要调用三次，并传入相应的坐标参数即可。

```
rect(-75, 50, 'black', 75, 16)
rect(-75, 16, 'red', 75, -16)
rect(-75, -17, 'gold', 75, -50)
```

4. 源程序设计

代码如下：

```
import uturtle
turtle = uturtle.Turtle()
def rect(x, y, color, x2, y2):
        width = abs(x2 - x)
        height = abs(y2 - y)
        turtle.pencolor(color)
        turtle.penup()
        turtle.goto(x, y)
        turtle.pendown()
        turtle.setheading(0)
        turtle.fillcolor(color)
        turtle.begin_fill()
        turtle.fd(width)
        turtle.right(90)
        turtle.forward(height)
```

```
        turtle.right(90)
        turtle.forward(width)
        turtle.right(90)
        turtle.forward(height)
        turtle.end_fill()
def germany():
        rect(-75, 50, 'black', 75, 16)
        rect(-75, 16, 'red', 75, -16)
        rect(-75, -17, 'gold', 75, -50)
        turtle.reset()
        turtle.speed(0)
germany()
```

2.5　在开发板上画中国国旗

2.5.1　预备知识

中华人民共和国国旗的设计者是曾联松，来自浙江瑞安。随着中国共产党在解放战争中取得胜利，新政治协商会议筹备会在 1949 年 7 月发出了征集国旗图案的通告，曾联松设计并提交了他的国旗样稿。在 2992 幅应征国旗图案中，曾联松的设计被选入 38 幅候选草图。经过多次讨论和少量修改，他的设计被选为了中华人民共和国的国旗。

五星红旗的旗面为红色，长宽比例为 3:2。旗面左上方缀黄色五角星 5 颗，4 颗小星环拱在一颗大星的右面，并各有一个角尖正对大星的中心点，如图 2-5 所示。红色代表革命及烈士的鲜血；黄色是为了在红地上显出光明；大五角黄星代表中国共产党；4 颗小五角黄星代表中国人民的 4 个阶级，即工人阶级、农民阶级、小资产阶级和民族资产阶级；4 星环绕大星象征中国共产党领导下的革命人民大团结。

图 2-5　五星红旗

2.5.2　任务要求

本任务要求如下：

(1) 五星红旗长宽比例为 3:2，长度为 180 像素，宽度为 120 像素；

(2) 各五角星的相对位置如图 2-6 所示，图中每个小格长、宽为 6 个像素；

(3) 五星红旗底色为红色，星星为黄色；

(4) 大五角星有一个角垂直向上，其他 4 个小五角星各有一个角对准大五角星中心。

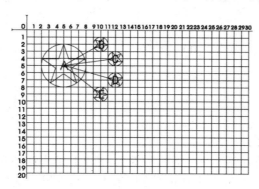

图 2-6　参考坐标

2.5.3　任务实施

1. 确定五角星的坐标位置和半径

整个屏幕的长度和宽度分别为 240 像素和 320 像素，五星红旗的宽度和高度分别为 180 像素和 120 像素，并没有占满屏幕。变量 width 和变量 height 分别代表国旗的宽和高，变量 pice 代表图 2-6 中的单位小格，将宽度 30 等分，每小格的宽为 6 像素。具体设置为：

```
width = 180
height = 120
pice = width/30
```

在本项目中，屏幕中心点为坐标原点，而国旗处在屏幕的中心，所以国旗的中心点就是坐标原点。因此，五颗星的坐标和半径分别为：

A：(−width/3，height/4)，半径为 pice × 3。

B：(−width/6，height × 2/5)，半径为 pice。

C：(−width/10，height × 3/10)，半径为 pice。

D：(−width/10，height × 3/20)，半径为 pice。

E：(−width/6，height/20)，半径为 pice。

2. 填充红色底色矩形框

画底色函数定义如下：

函数原型：draw_rect(x1, y1, color, x2, y2)。

参数说明：

x1：左上角横坐标。

y1：左上角纵坐标。

x2：右下角横坐标。

y2：右下角纵坐标。

在该函数中，通过调用海龟绘图中的内置函数实现图形的绘制。步骤如下：

(1) 计算国旗的宽度和高度的绝对值。

```
width = abs(x2 - x1)
height = abs(y2 - y1)
```

(2) 抬笔，并移动到左上角位置，落笔。

```
turtle.penup()
turtle.goto(x1, y1)
turtle.pendown()
```

3. 设置海龟初始方向

turtle.setheading(0)是海龟绘图中的内置函数，2.2.1 节有详细介绍。0 代表海龟头的方向向东。需要注意的是，海龟头的方向不会随着海龟移动发生变化，默认方向是向东，也就是说，即使海龟向南、北、西移动，海龟头也不会改变方向，如图 2-7 所示。

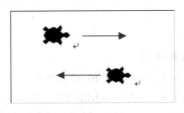

图 2-7　海龟头方向

4. 设置颜色

利用 turtle.color(color1，color2)内置函数实现颜色的设置，两个参数分别代表画线颜色和填充颜色。

5. 画图并进行填充

代码如下：

```
turtle.begin_fill()
for i in range(2):
    turtle.forward(width)
    turtle.right(90)
    turtle.forward(height)
    turtle.right(90)
turtle.end_fill()
```

6. 画五角星

画五角星通过调用以下函数来实现：

```
def star(center_x, center_y, radius, big_center_x, big_center_y):
    turtle.penup()
```

```
turtle.goto(center_x, center_y)
turtle.pendown()
turtle.left(turtle.towards(big_center_x,big_center_y)-turtle.heading())
turtle.forward(radius)
turtle.right(90)
draw_star(turtle.pos().x, turtle.pos().y, radius, 'yellow')
```

首先，画大五角星需要确定 5 个顶点的坐标。计算坐标的方法是首先确定五角星中心，然后利用五角星的中心和半径，每次画 72°的圆弧，以此来确定各个顶点的坐标。由于大五角星有一个角是垂直向上的，因此，采用两个坐标的连线来确认起始画圆弧的角度。这两个坐标是：(big_center_x, big_center_y-1) 和 (big_center_x, big_center_y)，然后再利用 turtle.circle (–radius, 72)内置函数，实现 5 个顶点坐标的确定。代码如下：

```
turtle.penup()
pt1 = turtle.pos()
turtle.circle(-radius, 72)
pt2 = turtle.pos()
turtle.circle(-radius, 72)
pt3 = turtle.pos()
turtle.circle(-radius, 72)
pt4 = turtle.pos()
turtle.circle(-radius, 72)
pt5 = turtle.pos()
```

然后，再绘制 4 个小五角星。在本项目中，要求每个小五角星有一个角指向大五角星中心，所以同样需要利用两点连线坐标确认起始角度，然后利用 turtle.circle(–radius, 72)函数确定 5 个顶点坐标，与大五角星的同理。

7. 源程序设计

代码如下：

```
import uturtle
turtle = uturtle.Turtle()
def draw_rect(x1, y1, color, x2, y2):
    width = abs(x2 - x1)
    height = abs(y2 - y1)
    turtle.penup()
    turtle.goto(x1,y1)
    turtle.pendown()
    turtle.setheading(0)
    turtle.color(color, color)
    turtle.begin_fill()
```

```
        for i in range(2):
            turtle.forward(width)
            turtle.right(90)
            turtle.forward(height)
            turtle.right(90)
        turtle.end_fill()
def draw_star(center_x, center_y, radius, color):
    turtle.penup()
    pt1 = turtle.pos()
    turtle.circle(-radius, 72)
    pt2 = turtle.pos()
    turtle.circle(-radius, 72)
    pt3 = turtle.pos()
    turtle.circle(-radius, 72)
    pt4 = turtle.pos()
    turtle.circle(-radius, 72)
    pt5 = turtle.pos()
    turtle.pendown()
    turtle.color(color, color)
    turtle.begin_fill()
    turtle.goto(pt3)
    turtle.goto(pt1)
    turtle.goto(pt4)
    turtle.goto(pt2)
    turtle.goto(pt5)
    turtle.end_fill()
def star(center_x, center_y, radius, big_center_x, big_center_y):
    turtle.penup()
    turtle.goto(center_x, center_y)
    turtle.pendown()
    turtle.left(turtle.towards(big_center_x, big_center_y) - turtle.heading())
    turtle.forward(radius)
    turtle.right(90)
    draw_star(turtle.pos().x, turtle.pos().y, radius, 'yellow')
turtle.reset()
turtle.speed(0)
width = 180
height = 120
```

```
draw_rect(-width/2, height/2, 'red', width/2, -height/2)
pice = width/30
big_center_x = -width/3
big_center_y = height/4
star(big_center_x, big_center_y-1, pice*3, big_center_x, big_center_y)
star(-width/6, height*2/5, pice, big_center_x, big_center_y)
star(-width/10, height*3/10, pice, big_center_x, big_center_y)
star(-width/10, height*3/20, pice, big_center_x, big_center_y)
star(-width/6, height/20, pice, big_center_x, big_center_y)
```

8. 运行效果

程序运行效果如图 2-8 所示。

图 2-8　五星红旗运行效果

2.6　认识和使用变量

2.6.1　了解 Python 变量

与其他语言不同，Python 中定义变量不需要提前声明，创建时直接对其赋值即可，变量类型由赋给变量的值决定。一旦创建了一个变量，就需要给该变量赋值。变量好比一个标签，指向内存空间的一个特定的地址。创建一个变量时，在机器的内存中，系统会自动给该变量分配一块内存，用于存放变量值，如图 2-9 所示。

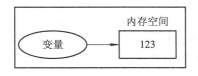

图 2-9　变量的存储

通过 id 函数可以查看创建变量和变量重新赋值时内存空间的变化过程，如下所示：

```
>>> x = 19
>>> id(x)
504538784
>>> y = x
>>> id(y)
504538784
>>> y
19
>>> x = 30
>>> id(x)
504539136
>>> y
19
```

从以上代码可以看出，一个变量在初次赋值时就会获得一块内存空间来存放其值。当令变量 y 等于变量 x 时，其实是一种内存地址的传递，变量 y 获得的是存储变量 x 值的内存地址，所以当变量 x 改变时，变量 y 并不会发生改变。此外还可以看出，变量 x 的值改变时，系统会重新分配另一块内存空间存放新的变量值。

要创建一个变量，首先需要一个变量名和变量值(数据)，然后通过赋值语句将值赋给变量。

2.6.2 变量名

变量的命名必须严格遵守标识符的规则，Python 中还有一类非保留字的特殊字符串(如内置函数名)，这些字符串具有某种特殊功能，虽然用于变量名时不会出错，但会造成相应的功能丢失。如 len 函数可以用来返回字符串长度，但是一旦用来作为变量名，其就失去了返回字符串长度的功能。因此，在取变量名时，不仅要避免 Python 中的保留字，还要避开具有特殊作用的保留字，以避免发生一些不必要的错误，如下所示：

```
>>> import keyword
>>> keyword.iskeyword("and")
True
```

如果一段代码中有大量的变量名，而且这些变量没有错，只是取名都很随意，风格不一，这样的代码解读时就会出现一些混淆。因此，有几种常用命名法，介绍如下。

1. 大驼峰(upper camel case)

所有首字母都是大写，例如"MyName, YourFamily"。大驼峰命名法一般用于类的命名。

2. 小驼峰(lower camel case)

第一个单词的首字母为小写字母，其余单词的首字母都采用大写字母，例如"my_Name, your_Family"等。

关于要使用哪种方法对变量命名，并没有统一的说法，重要的是一旦选择好了一种命名方式，在后续的程序编写过程中一定要保持风格一致。

2.6.3　变量值

变量值就是赋给变量的数据，Python 中有 6 个标准的数据类型，分别为数值(number)、布尔值(boolean)、字符串(string)、列表(list)、元组(tuple)、字典(dictionary)。其中，列表、元组、字典属于复合数据类型。

2.6.4　变量赋值

最简单的变量赋值就是把一个变量值赋给一个变量名，只需要用(=)就可以实现。同时，Python 还可以将一个值同时赋给多个变量，如下所示：

```
>>> a = b = c = 10
>>> a
10
>>> b
10
>>> c
10
>>> e, f, g = 11,12, "hello"
>>> e
11
>>> f
12
>>> g
'hello'
```

2.7　数字与数据类型

Python 的数据类型主要包括数值类型、布尔类型、字符串类型、列表类型、字典类型和元组类型，本节主要介绍前两种数据类型(其中数值类型又包括整型、浮点型、复数类型)，并在计算器的项目实施中讲解列表类型和字典类型的基础知识，详细内容会在后面章节中介绍。

2.7.1　整型

整数类型(int)简称整型，它用于表示整数，例如−5、106 等。整数的表示方式有 4 种，分别是十进制、二进制、八进制、十六进制。各个表示方式开头有不同的前缀，如表 2-6 所示。

表 2-6 数制及前缀

序号	进制	前缀	举例
1	十进制	无	a = 30
2	二进制	0b	a = 0b
3	八进制	0o	a = 0o
4	十六进制	0x	a = 0x

以下为一些整型变量的示例代码：

```
>>> a = 30
>>> type(a)
<class 'int'>
>>> bin(a)
'0b11110'
>>> oct(a)
'0o36'
>>> hex(a)
'0x1e'
```

在上述代码中，第 1 行代码的变量 a 的值是一个十进制整数，它属于 int 型，这点在第 2～3 行的代码中得到了验证；第 4～5 行代码输出 a 的值，结果是二进制的 30，通过二进制转换函数 bin() 来完成；第 6～7 行代码输出 a 的值，结果是八进制的 30，通过八进制转换函数 oct() 来完成；第 8～9 行代码输出 a 的值，结果是十六进制的 30，通过十六进制转换函数 hex() 来完成。

Python 的整数可以表示的范围是有限的，它和系统的最大位数相关。例如，32 位机上的整型是 32 位，可以表示的范围是 $-2^{31}\sim2^{31}-1$；在 64 位机上的整数是 64 位的，可以表示的数的范围是 $-2^{64}\sim2^{64}-1$。

注意：long 类型只存在于 Python 2.x 版本中。在 Python 2.2 以后的版本中，int 类型数据溢出后会自动转为 long 类型；在 Python 3.x 版本中，long 类型被移除，使用 int 替代。

2.7.2 浮点型

浮点型(float)可用于表示实数，例如 2.5、9.9 都属于浮点型。浮点型可以用十进制或科学计数法表示。Python 中的科学计数法表示如下：

```
<实数>E 或者 e<整数>
```

其中，E 或 e 表示基是 10，后面的整数表示指数，指数的正负使用"+"或者"-"表示("+"可以省略)。例如，3.14e5 表示的是 3.14×10^5，9.9e-2 表示的是 9.9×10^{-2}。

```
>>> 3.14e5
315000.0
>>> 9.9e-2
```

0.099

2.7.3　复数类型

复数类型用于表示数学中的复数，例如 5 + 3j、− 3.4 − 6.8j 都是复数类型。Python 中的复数类型是一般计算机语言所没有的数据类型，它有以下两个特点：

(1) 复数由实数部分和虚数部分构成，表示为 real + imagj 或 real + imagJ。

(2) 复数的实数部分 real 和虚数部分 imag 都是浮点型。

```
>>> a = 1 + 2j
>>> a
(1 + 2j)
```

2.7.4　布尔型

布尔型可以看作一种特殊的整型。布尔型数据只有两个取值，即 True 和 False，分别对应整型的 1 和 0。每一个 Python 对象都具有布尔值(True 或 False)，进而可用于布尔测试。以下对象的布尔值都是 False：

(1) None；

(2) False(布尔型)；

(3) 0(整型 0)；

(4) 0L(长整型 0)；

(5) 0.0(浮点型 0)；

(6) 0.0+0.0j(复数 0)；

(7) ""(空字符串)；

(8) [](空列表)；

(9) ()(空元组)；

(10) { }(空字典)。

本 章 小 结

本章以画国旗为项目，首先讲解了 turtle 海龟画图的背景，然后利用海龟画图完成了简单的作图操作，如画线、画圆、移动、颜色等，最后利用这些基础知识完成了德国国旗和中国五星红旗的绘制。此外，本章还讲解了 Python 中变量和数据类型的相关知识。本章以项目为中心，以应用为导向，通过本章的学习，读者将会在 Skids 开发板上实现国旗的显示。

习　题

1. 画法国国旗。

要求：比例 2：3，宽和高分别为 180 像素和 120 像素，如图 2-10 所示。

图 2-10　法国国旗

2．画巴勒斯坦国旗。

要求：比例 1：2，宽和高分别为 180 像素和 90 像素，如图 2-11 所示。

图 2-11　巴勒斯坦国旗

第 3 章

制作简单计算器

3.1 字符与字符串

3.1.1 什么是字符串

字符串是一种表示文本的数据类型,字符串中的字符可以是 ASCII 字符、各种符号以及各种 Unicode 字符。Python 中的字符串有以下三种表现形式:

(1) 使用单引号包含字符。示例代码如下:

```
'a' , '123 '
```

注意,单引号表示的字符串中不能包含单引号,如 "let's go" 不能使用单引号包含。

(2) 使用双引号包含字符。示例代码如下:

```
"a ", "123 "
```

注意,双引号表示的字符串里不能包含双引号,并且只能有一行。

(3) 使用三引号(三对单引号或者三对双引号)包含字符。示例代码如下:

```
"""
Hello,
Welcome to China
"""
```

或者

```
'''
你好'
欢迎来到中国
'''
```

需要注意的是,三个引号能包含多行字符串,在这个字符串中可以包含换行符、制表符或者其他特殊的字符。通常情况下,三引号表示的字符串出现在函数声明的下一行,用来注释函数。与 C 语言的字符串不同的是,Python 字符串不能被改变。例如,向一个索引位置赋值,word[0] = 'm'会导致错误。

【案例 3-1】 字符串使用。

```
>>> word = "hello!"
>>> word[0]
'h'
>>> word[0] = 'a'
Traceback (most recent call last):
    File "<pyshell#14>", line 1, in <module>
        word[0] = 'm'
TypeError: 'str' object does not support item assignment
```

3.1.2 转义字符

不管使用单引号还是双引号，使用 print 输出字符串的时候，值都是一样的。至于为什么两种情况都可以表示字符串，是因为某些情况下它们会派上用场。

【案例 3-2】 字符串转义。

```
>>>"let's go!"
"let's go!"
>>> '"nice to meet you!",he said'
'"nice to meet you!",he said'
```

在上面的代码中，第 1 行代码的字符串内容有单引号，所以要使用双引号包含；而第 3 行代码的字符串内容有双引号，所以要使用单引号包含。如果不这么做，当解释器在根据单引号或者双引号辨别字符串的结果符时，难免会发生错误。例如，下面的代码就会报错：

```
>>> 'let's go! go'
SyntaxError: invalid syntax
```

当然，对于单引号或者双引号这些特殊的符号，可以对它们进行转义。例如，对字符串中的单引号进行转义，代码如下：

```
>>> 'let\'s go! go'
"let's go! go"
```

在上述代码中，使用斜线的方式对单引号进行了转义，当解释器遇到该转义字符时，会明白这不是字符串的结束标记。转义字符有很多种，如表 3-1 所示。

表 3-1　转 义 字 符

转义字符	代 表 含 义
\(在行尾时)	反斜杠符号
\\	反斜杠符号
\"	双引号
\b	退格

续表

转义字符	代 表 含 义
\e	转义
\000	空
\n	换行
\v	纵向制表符
\t	横向制表符
\r	回车
\f	换页
\0yy	八进制数，yy 表示字符，例如\012 代表换行
\xyy	十六进制数，yy 表示字符，例如\x0a 代表换行
\other	其他的字符以普通格式输出

当然，除了使用反斜杠(\)转义特殊字符，还可以在字符串前面添加一个 "r"，表示原始的字符串。示例代码如下：

```
>>> print('ru\noob')
ru
oob
>>> print(r'ru\noob')
ru\noob
```

3.1.3　字符串的输入和输出

1. 字符串输出

字符串输出示例代码如下：

```
print("我今年 10 岁")
print("我今年 11 岁")
print("我今年 12 岁")
```

Python 支持字符串的格式化输出，基本的用法就是将一个值插入到一个有字符串格式符 "%s" 的字符串中。上述代码多次输出 "我今年 XX 岁"，其中只有 XX 代表内容是可变的，其余的内容都是固定不变的。因此，可以在字符串中使用格式字符串来完成。例如下面的代码：

```
name = "小明"
print("大家好，我叫%s"%name)
```

在上述程序中，"%s" 就是 Python 中字符串的格式化符号。

除此以外，还可以使用%符号对其他类型的数据进行格式化。常见的格式化符号如表 3-2 所示。

表 3-2 格式化符号

符 号	描 述
%c	格式化字符及其 ASCII 码
%s	格式化字符串
%d	格式化整数
%u	格式化无符号整型数
%o	格式化无符号八进制数
%x	格式化无符号十六进制数
%X	格式化无符号十六进制数(大写)
%f	格式化浮点数字,可指定小数点后的精度
%e	用科学计数法格式化浮点数
%E	作用同%e,即用科学计数法格式化浮点数
%g	%f 和%e 的简写
%G	%f 和%E 的简写
%p	用十六进制数格式化变量的地址

2. 字符串输入

Python 3 提供了 input 函数用于从标准输入读取一行文本,默认的标准输入是键盘。示例代码如下:

```
user_name = input("请输入用户名")
print(user_name)
```

在上述示例中,input 函数传入字符串信息,用于获取数据前给用户提示,并且将接收的输入直接赋值给等号左边的变量 user_name。需要注意的是,input 获取的数据即使是数字,也是以字符串的方式保存的。

3.1.4 访问字符串中的值

1. 字符串的存储方式

Python 不支持单字符类型,单字符在 Python 中作为一个字符串使用。如果希望访问字符串中的值,需要使用下标来实现。例如:

```
name = "abcdef"
```

如果要取出字符 a,对应的下标位置为 0,即 name[0];如果要读取字符 d,它对应的下标位置是 3,即 name[3]。

2. 使用切片截取字符串

切片是指对操作的对象截取其中一部分的操作。字符串、列表、元组都支持切片操作,这里以字符串为例讲解切片的作用。切片的语法格式如下:

```
[起始:结束:步长]
```

需要注意的是,切片选取的区间属于左闭右开型,即从"开始"位开始,到"结束"

位的前一位结束(不包含结束位本身)。接下来，通过一个案例来演示如何使用切片截取字符串 name = "abcdef"。

【案例3-3】　字符串切片使用。

```
name = "abcdef"
print(name[0:3])          #取下标为 0～2 的字符
print(name[3:5])          #取下标为 3，4 的字符
print(name[1:-1])         #取下标为 1 到倒数第 2 个之间的字符
print(name[2:])           #取下标为 2 到最后的字符
print(name[::-2])         #从后往前，取步长为 2 的字符
```

结果如下：

```
abc
de
bcde
cdef
fdb
```

3.1.5　Python 的字符串内建函数

字符串方法是从 Python 1.6 到 Python 2.0 慢慢加进来的(它们也被加到了 Python 中)，这些方法实现了 string 模块的大部分方法。表 3-3 列出了目前字符串内建支持的方法，所有的方法都包含了对 Unicode 的支持，有一些甚至是专门用于 Unicode 的。

表 3-3　Python 内建字符串函数

方　　　法	描　　　述
string.capitalize()	将字符串的第一个字符大写
string.center(width)	返回一个原字符串居中，并使用空格填充至长度为 width 的新字符串
string.count(str, beg=0, end=len(string))	返回 str 在 string 里面出现的次数。如果 beg 或者 end 指定，则返回指定范围内 str 出现的次数
string.expandtabs(tabsize=8)	把字符串 string 中的 tab 符号转为空格，tab 符号默认的空格数是 8
string.find(str, beg=0, end=len(string))	检测 str 是否包含在 string 中。如果 beg 和 end 指定范围，则检查是否包含在指定范围内，如果是，则返回开始的索引值，否则返回−1
string.format()	格式化字符串
string.isalnum()	如果 string 至少有一个字符并且所有字符都是字母或数字，则返回 True，否则返回 False
string.isalpha()	如果 string 至少有一个字符并且所有字符都是字母，则返回 True，否则返回 False

续表

方　法	描　述
string.isdecimal()	如果 string 只包含十进制数字,则返回 True,否则返回 False
string.isdigit()	如果 string 只包含数字，则返回 True，否则返回 False
string.islower()	如果 string 中包含至少一个区分大小写的字符,并且所有这些(区分大小写的)字符都是小写,则返回 True,否则返回 False
string.isnumeric()	如果 string 中只包含数字字符,则返回 True,否则返回 False
string.isspace()	如果 string 中只包含空格，则返回 True，否则返回 False
string.istitle()	如果 string 是标题化的(见 title()),则返回 True,否则返回 False
string.isupper()	如果 string 中包含至少一个区分大小写的字符,并且所有这些(区分大小写的)字符都是大写,则返回 True,否则返回 False
string.join(seq)	以 string 作为分隔符,将 seq 中所有的元素(的字符串表示)合并为一个新的字符串
string.ljust(width)	返回一个原字符串左对齐,并使用空格填充至长度为 width 的新字符串
string.lower()	将 string 中所有大写字母转换为小写字母
string.lstrip()	截掉 string 左边的空格
max(str)	返回字符串 str 中最大的字母
min(str)	返回字符串 str 中最小的字母
string.replace(str1, str2, num=string.count(str1))	把 string 中的 str1 替换成 str2,如果 num 指定,则替换不超过 num 次
string.rfind(str, beg=0, end=len(string))	类似于 find()函数,从右边开始查找
string.rjust(width)	返回一个原字符串右对齐,并使用空格填充至长度为 width 的新字符串
string.rpartition(str)	类似于 partition()函数,从右边开始查找
string.rstrip()	删除 string 字符串末尾的空格
string.strip([obj])	在 string 上执行 lstrip()和 rstrip()
string.swapcase()	翻转 string 中的大小写
string.title()	返回"标题化"的 string,即所有单词都是以大写开始,其余字母均为小写(见 istitle())
string.translate(str, del="")	根据 str 给出的表(包含 256 个字符)转换 string 的字符,将过滤掉的字符放到参数 del 中
string.upper()	将 string 中的小写字母转换为大写字母
string.zfill(width)	返回长度为 width 的字符串,原字符串 string 右对齐,前面填充 0

3.2　基本的数学运算

3.2.1　运算符

运算符用于执行程序代码运算，并针对一个以上操作数项目进行运算。例如，2 + 3，其操作数是 2 和 3，而运算符则是"+"。在 Python 中，运算符大致可以分为 6 种类型：算术运算符、比较运算符、赋值运算符、逻辑运算符、成员运算符和位运算符。下面将介绍各种运算符的使用方法，其中逻辑运算符会在第 4 章分支结构中具体介绍。

1. 算术运算符

算术运算符主要用于计算，例如+、−、*、/都是算术运算符。假设 a = 10，b = 20，算术运算符的具体应用如表 3-4 所示。

表 3-4　算术运算符

运算符	名称	说明	实例
+	加	两个数相加	a + b 输出结果 30
−	减	两个数相减	a − b 输出结果 −10
*	乘	两个数相乘	a * b 输出结果 200
**	幂	返回 x 的 y 次幂	a**b 为 10 的 20 次方 输出结果 100 000 000 000 000 000 000
/	除	x 除以 y	b / a 输出结果 2
%	取模	返回除法的余数	b % a 输出结果 0
//	取整除	返回商的部分	(b + 2)/a 输出结果 2

为了使读者更好地理解算术运算符，通过以下实例演示 Python 算术运算符的操作。

【**案例 3-4**】 算术运算符的使用。

```
a = 3
b = 5
c = 10
c = a + b
print ("1 ：c 的值为：", c)
c = a - b
print ("2 ：c 的值为：", c )
c = a * b
print ("3 ：c 的值为：", c)
c = a / b
print( "4 ：c 的值为：", c)
c = a % b
```

```
print ("5 : c 的值为：", c)
#修改变量 a 、b 、c
a = 4
b = 7
c = a**b
print ("6 : c 的值为：", c)
a = -5
b = 5
c = a//b
print ("7 : c 的值为：", c)
```

运算结果为：

```
1 : c 的值为： 8
2 : c 的值为： -2
3 : c 的值为： 15
4 : c 的值为： 0.6
5 : c 的值为： 3
6 : c 的值为： 16384
7 : c 的值为： -1
```

2. 比较运算符

比较运算符用于比较两个数，其返回的结果只能是 True 或者 False。表 3-5 中列举了 Python 中的比较运算符(假设变量 a 为 10，变量 b 为 20)。

表 3-5　比较运算符

运算符	描　　述	实　　例
==	等于，比较对象是否相等	(a == b) 返回 False
!=	不等于，比较两个对象是否不相等	(a != b) 返回 True
>	大于，返回 x 是否大于 y	(a > b) 返回 False
<	小于，返回 x 是否小于 y	(a < b) 返回 True
>=	大于等于，返回 x 是否大于等于 y	(a >= b) 返回 False
<=	小于等于，返回 x 是否小于等于 y	(a <= b) 返回 True

比较运算符实例如下。

【案例 3-5】 比较运算符的使用。

```
a = 21
b = 10
c = 0
if   a == b:
```

```
        print( "1 ： a 等于 b")
else:
        print ("1 ： a 不等于 b")
if  a != b :
        print ("2 ： a 不等于 b")
else:
        print ("2 ： a 等于 b")
if  a < b :
        print ("3 ： a 小于 b" )
else:
        print ("3 ： a 大于等于 b")
if  a > b :
        print ("4 ： a 大于 b")
else:
        print ("4 ： a 小于等于 b")
#修改变量 a 和 b 的值
a = 5
b = 20
if  a <= b :
        print ("5 ： a 小于等于 b")
else:
        print( "5 ： a 大于   b")
if  b >= a :
        print( "6 ： b 大于等于 a")
else:
        print ("6 ： b 小于 a")
```

结果为：

```
1 ： a 不等于 b
2 ： a 不等于 b
3 ： a 大于等于 b
4 ： a 大于 b
5 ： a 小于等于 b
6 ： b 大于等于 a
```

3. 赋值运算符

假设变量 a = 10，变量 b = 20，赋值运算符的应用如表 3-6 所示。

表 3-6 赋值运算符

运算符	描　述	实　例
=	简单的赋值运算符	c = a + b 将 a + b 的运算结果赋给 c
+=	加法赋值运算符	c += a 等效于 c = c + a
-=	减法赋值运算符	c -= a 等效于 c = c - a
*=	乘法赋值运算符	c *= a 等效于 c = c * a
/=	除法赋值运算符	c /= a 等效于 c = c / a
%=	取模赋值运算符	c %= a 等效于 c = c % a
**=	幂赋值运算符	c **= a 等效于 c = c ** a
//=	取整除赋值运算符	c //= a 等效于 c = c // a

以下实例演示了 Python 中所有赋值运算符的操作。

【案例 3-6】 赋值运算符的使用。

```
a = 21
b = 10
c = 0
c = a + b
print ("1 : c 的值为： ", c)
c += a
print ("2 : c 的值为： ", c )
c *= a
print( "3 : c 的值为： ", c )
c /= a
print ("4 : c 的值为： ", c )
c = 2
c %= a
print ("5 : c 的值为： ", c)
c **= a
print( "6 : c 的值为： ", c)
c //= a
print( "7 : c 的值为： ", c)
```

结果为：

```
1 : c 的值为：  31
2 : c 的值为：  52
3 : c 的值为：  1092
4 : c 的值为：  52.0
5 : c 的值为：  2
6 : c 的值为：  2097152
7 : c 的值为：  99864
```

4. 位运算符

位运算符是把数字看做二进制来进行计算的。表 3-7 中的变量 a 为 60，b 为 13。

表 3-7　位 运 算 符

运算符	描　述	实　例
&	按位与运算符：参与运算的两个值，如果两个相应位都为 1，则该位的结果为 1，否则为 0	(a & b)输出结果 12，二进制解释：0000 1100
|	按位或运算符：只要对应的两个二进制位有一个为 1 时，结果就为 1	(a | b)输出结果 61，二进制解释：0011 1101
^	按位异或运算符：当两对应的二进制位相异时，结果为 1	(a ^ b)输出结果 49，二进制解释：0011 0001
~	按位取反运算符：对数据的每个二进制位取反，即把 1 变为 0，把 0 变为 1。~x 类似于−x − 1	(~a)输出结果−61，二进制解释：1100 0011
<<	左移动运算符：运算数的各二进制位全部左移若干位，<<右边的数字指定移动的位数，高位丢弃，低位补 0	a << 2 输出结果 240，二进制解释：1111 0000
>>	右移动运算符：运算数的各二进制位全部右移若干位，>>右边的数字指定移动的位数	a >> 2 输出结果 15，二进制解释：0000 1111

以下实例演示了 Python 中所有位运算符的操作。

【案例 3-7】 位运算符的使用。

```
a = 60          #60 = 0011 1100
b = 13          #13 = 0000 1101
c = 0
c = a & b;      #12 = 0000 1100
print ("1 : c 的值为：", c)
c = a | b;      #61 = 0011 1101
print ("2 : c 的值为：", c)
c = a ^ b;      #9 = 0011 0001
print( "3 : c 的值为：", c)
c = ~a;         #-61 = 1100 0011
print ("4 : c 的值为：", c)
c = a << 2;     #240 = 1111 0000
print ("5 : c 的值为：", c)
c = a >> 2;     #15 = 0000 1111
print( "6 : c 的值为：", c)
```

结果为：

```
1 : c 的值为：  12
2 : c 的值为：  61
3 : c 的值为：  49
4 : c 的值为：  -61
5 : c 的值为：  240
6 : c 的值为：  15
```

5. 成员运算符

除了以上运算符之外，Python 还支持成员运算符。测试实例中包含了一系列的成员，包括字符串、列表或元组，如表 3-8 所示。

表 3-8　成 员 运 算 符

运算符	描　　　述	实　　　例
in	如果在指定的序列中找到值，则返回 True，否则返回 False	如果 x 在 y 序列中，则返回 True
not in	如果在指定的序列中没有找到值，则返回 True，否则返回 False	如果 x 不在 y 序列中，则返回 True

以下实例演示了 Python 中所有成员运算符的操作。

【案例 3-8】　成员运算符的使用。

```python
a = 10
b = 20
list = [1, 2, 3, 4, 5 ];
if ( a in list ):
    print ("1 - 变量 a 在给定的列表中  list 中" )
else:
    print ("1 - 变量 a 不在给定的列表中  list 中")
if ( b not in list ):
    print ( "2 - 变量 b 不在给定的列表中  list 中" )
else:
    print ("2 - 变量 b 在给定的列表中  list 中")
 #修改变量 a 的值
a = 2
if ( a in list ):
    print ("3 - 变量 a 在给定的列表中  list 中" )
else:
    print ("3 - 变量 a 不在给定的列表中  list 中")
```

结果为：

```
1 - 变量  a  不在给定的列表中  list  中
2 - 变量  b  不在给定的列表中  list  中
```

3 - 变量 a 在给定的列表中 list 中

3.2.2 运算符优先级

表 3-9 列出了优先级从最高到最低的 Python 中的所有运算符。

表 3-9 运算符优先级

运算符	描 述
**	指数运算符(优先级最高)
~ + -	按位翻转、一元加号和减号运算符(最后两个的方法名为+@和-@)
* / % //	乘、除、取模和取整除
+ -	加法、减法运算符
>> <<	右移、左移运算符
&	位与运算符
^ |	位或运算符
<= <> >=	比较运算符
<> == !=	等于、不等于运算符
= %= /= //= -= += *= **=	赋值运算符
is is not	身份运算符
in not in	成员运算符
not and or	逻辑运算符

以下实例演示了 Python 中所有运算符优先级的操作。

【案例 3-9】 优先级操作。

```
a = 20
b = 10
c = 15
d = 5
e = 0
e = (a + b) * c / d          #(30 * 15 ) / 5
print ("(a + b) * c / d 运算结果为：",  e)
e = ((a + b) * c) / d        #(30 * 15 ) / 5
print ("((a + b) * c) / d 运算结果为：",  e)
e = (a + b) * (c / d);       #(30) * (15/5)
print( "(a + b) * (c / d) 运算结果为：",  e)
e = a + (b * c) / d;         #20 + (150/5)
print( "a + (b * c) / d 运算结果为：",  e)
```

结果为：

```
(a + b) * c / d 运算结果为：    90.0
((a + b) * c) / d 运算结果为：   90.0
(a + b) * (c / d) 运算结果为：   90.0
a + (b * c) / d 运算结果为：     50.0
```

3.3 类型的转换

Python 支持的数据类型有 int、float、bool 和 complex。int 类型指整数型值，float 类型指既有整数又有小数部分的数据类型。bool 类型只有 True(真)和 False(假)两种值，因为 bool 继承了 int 类型，即在这两种类型中 True 可以等价于数值 1，False 可以等价于数值 0，因此可以直接使用 bool 值进行数学运算。complex 类型由实数部分和虚数部分构成，如 real+imag(J/j 后缀)，实数和虚数部分都是浮点数。

3.3.1 各种类型转整型

可以通过下面的例子来学习转换的规律。

```
>>> int(1.9)
1
>>> int(0.6)
0
>>> int(-1.9)
-1
>>> int()
0
```

浮点数转换成整数的过程中，只是简单地将小数部分剔除，保留整数部分，注意 int() 的结果为 0。

```
>>> int(True)
1
>>> int(False)
0
```

布尔型转整型时，bool 值 True 被转换成整数 1，False 被转换成整数 0。

```
>>> int(2+5j)
Traceback (most recent call last):
  File "<pyshell#4>", line 1, in <module>
    int(2+5j)
TypeError: can't convert complex to int
```

通过这个代码可以看出，复数类型无法转换成整型，强制转换会报错。

```
>>> int("12")
12
>>> int("1a")
>>> int("12.")
```

注意，将字符串转换为整型时，只有是整型数字的才能转换，带有非数字符号或小数点等都会报错。

3.3.2　各种类型转浮点型

对于各种类型转换为浮点型，其规律和整型类似。

```
>>> float(19)
19.0
>>> float(0)
0.0
>>> float(True)
1.0
>>> float(False)
0.0
>>> float("12")
12.0
>>> float("12.")
12.0
>>> float("12.a")
```

从上面的例子可以看出，整型转换后变为浮点型增加.0；bool 值转换后，True 变成 1.0，False 变成 0.0；字符串转换时，整型字符串和浮点型字符串可以转换，带有其他非数字字符的字符串不能转换。

3.3.3　各种类型转布尔型

可以通过下面的例子来总结一下各种类型转换成布尔型的规律。

```
>>> bool(1)
True
>>> bool(2)
True
>>> bool(0)
False
>>> bool(3.5)
True
```

```
>>> bool(-0.9)
True
>>> bool(2-3j);
True
>>> bool(0+0j)
False
>>> bool()
False
>>> bool("")
False
>>> bool([])
False
>>> bool(())
False
>>> bool({})
False
```

从整数、浮点数、复数转布尔型的结果可以总结出一个规律：非 0 数值转布尔型都为 True，数值 0 转布尔型为 False。此外，用 bool 函数分别对空值、空字符、空列表、空元组、空字典(或者集合)进行转换时结果都为 False。

需要注意的是，bool("False")的结果是 True，因为"False"是一个不为空的字符串，当被转换成 bool 类型之后，就得到 True。bool("   ")的结果是 True，因为空格也不能算作空字符串。

3.3.4　各种类型转字符串

以下为各种类型转换成字符串的示例。

```
>>> str(19)
'19'
>>> str(0)
'0'
>>> str(True)
'True'
>>> str(False)
'False'
>>> str("12.a")
'12.a'
```

各种类型转换为字符串比较简单，都是直接变成对应的字符串，注意布尔型不是变成"1"和"0"。

3.4　制作计算器

3.4.1　预备知识

计算器是现代人发明的可以进行数字运算的电子机器。现代的电子计算器是能进行数学运算的手持电子机器，如图 3-1 所示，该计算器拥有集成电路芯片，但结构比计算机简单得多，可以说是第一代的电子计算机，虽其功能较弱，但较为方便与廉价，可广泛运用于商业交易中，也是必备的办公用品之一。计算器从形式来说可以分为两种：一种是实物计算器，此类计算器一般是手持式计算器，便于携带，使用也较方便；另一种是软件计算器，此类计算器以软件形式存在，能在 PC、智能手机、平板电脑上使用。

本章从现存简单计算器出发，模拟其功能和特点，在 Skids 开发板上(如图 3-2 所示)，通过屏幕模拟一个软件计算器，其界面如图 3-3 所示。由于 Skids 暂时不支持触摸操作，所以我们用 4 个物理按键来实现计算器的按键操作功能。

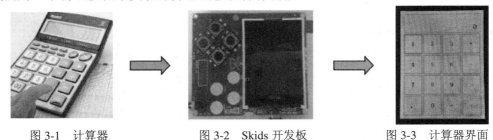

图 3-1　计算器　　　　　　　图 3-2　Skids 开发板　　　　　图 3-3　计算器界面

3.4.2　任务要求

任务要求如下：
(1) 按图 3-3 所示画出图形界面；
(2) 定义 4 个按键，实现移动、清零和确定键功能；
(3) 能够支持浮点数运算；
(4) 能够进行加减乘除运算；
(5) 能够输出计算结果到指定屏幕位置。

3.4.3　任务实施

1. 导入相关库

在编写 Python 程序控制硬件时，往往需要加入硬件相关的库。以下代码中，第 1 行代码导入了与引脚控制相关的库，第 2 行代码导入了与时间相关的库，第 3 行代码导入了与屏幕控制相关的库，第 4 行代码导入了与屏幕显示文字相关的库。

```
from machine import Pin
import time
import screen
```

```
import text
```

2. 变量定义和初始化

本项目中，首先创建了一个类 calculator(计算器类)，在该类中定义了一些成员变量，并进行初始化操作。需要初始化的变量有三种，分别是布局变量、按键变量和计算器变量。创建类的代码如下：

```
class calculator()
```

布局变量主要用来定义计算器的屏幕位置、边缘、按钮位置等。在如下所示的代码中，self 代表计算器本身的类的实例，定义了屏幕的宽度是 240，高度是 320，边缘是 5。值得注意的是，这些数值是与硬件屏幕相关的，要根据具体的 LCD 屏幕决定像素的大小(这里面数值的单位是像素)。

```
self.screen_width = 240
self.screen_height = 320
self.margin = 5
self.button_width = (self.screen_width - self.margin * 7) / 4
self.button_height = (self.screen_height - self.margin * 8) / 5
```

按键变量定义了与按键相关的一些变量。在以下代码中，self.keys 定义了按键所对应硬件的 MCU 的 IO 口线；4 个按键对应的 IO 口分别是 35，36，39，34；self.keymatch 是类中定义的一个列表，用于存储 4 个物理按键所对应的名称；self.keyboard 定义了一个二维列表，用于计算器每个按键的名称；self.keydict 定义了一个字典，存储了计算器每个键所对应的数值；最后，定义了画图的起始位置信息。

```
self.keys = [Pin(p, Pin.IN) for p in [35, 36, 39, 34]]
self.keymatch = ["Key1", "Key2", "Key3", "Key4"]
self.keyboard = [[1, 2, 3, 123], [4, 5, 6, 456], [7, 8, 9, 789], [10, 0, 11, 12]]
self.keydict = { 1: '1', 2: '2', 3: '3', 123: '+', 4: '4', 5: '5', 6: '6', 456: '-', 7: '7', 8: '8', 9: '9', 789: '×', 10: '.', 0: '0', 11: '=', 12: '÷'}
self.startX = self.margin * 2
self.startY = self.margin * 2 + self.button_height + self.margin
self.selectXi = 0
self.selectYi = 0
```

计算器变量定义了一些标志位，包括操作数 1、操作数 2、操作符号、操作结果、小数点标记等。其代码如下：

```
self.l_operand = 0
self.r_operand = 0
self.operator = 123
self.result = 0
self.dotFlag = 0
self.dotLoc = 0
```

3. 清屏

代码如下：

```
screen.clear()
```

4. 画界面

计算器界面如图 3-4 所示，最上面的长矩形是显示区，用于显示操作的结果。显示区下面的 16 个小矩形所在区域是按键区，是计算器的虚拟键盘。

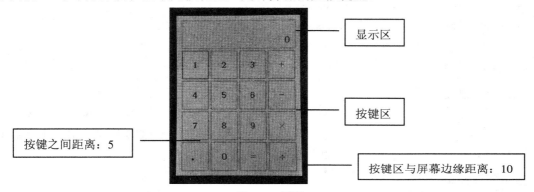

图 3-4　界面

LCD 显示屏幕是由许多像素点组成的，每个像素点都有对应的坐标值。左上角为坐标原点(0，0)，X 轴向右为正方向，Y 轴向下为正方向。该项目中定义了一个边缘变量 margin，其值是 5。按键区与屏幕边缘的距离是 margin × 2 个像素。因此，显示区蓝色矩形的左上角和右下角的坐标分别是(self.margin × 2，self.margin × 2)和(self.screen_width−self.margin × 2，self.margin × 2 + self.button_height)。通过调用画矩形函数 self.drawRect()，可实现矩形的绘制。

同理，按键区 16 个绿色矩形，分别确定左上角和右下角的坐标，然后利用循环嵌套，调用画矩形函数 self.drawRect()实现界面的绘制功能。示例代码如下：

```
def drawInterface(self):
    #显示框
    x1 = self.margin * 2
    y1 = self.margin * 2
    x2 = self.screen_width - self.margin * 2
    y2 = self.margin * 2 + self.button_height
    self.drawRect(x1, y1, x2, y2, 2, 0x00ffff)
    #16 个按键
    for i in range(4):
        y = self.startY + i * (self.button_height + self.margin)
        for j in range(4):
            x = self.startX + j * (self.button_width + self.margin)
            self.drawRect(x, y, x + self.button_width, y + self.button_height, 2, 0x00ff00)
```

画矩形函数 drawRect()利用直线画出矩形，它是为画界面函数服务的。drawRect()通过调用 drawline()函数实现矩形的绘制，绘制前要确定直线起点和终点的坐标。画矩形的函数示例代码如下：

```
def drawRect(self, x1, y1, x2, y2, lineWidth, lineColor):
    x = int(x1)
    y = int(y1)
    w = int(x2 - x1)
    h = int(y2 - y1)
    screen.drawline(x, y, x + w, y, lineWidth, lineColor)
    screen.drawline(x + w, y, x + w, y + h, lineWidth, lineColor)
    screen.drawline(x + w, y + h, x, y + h, lineWidth, lineColor)
    screen.drawline(x, y + h, x, y, lineWidth, lineColor)
```

5. 显示键盘字符

界面图形完成后，就要进行数字的编码。利用循环嵌套，分别读取 keyboard[]列表里对应的值，并计算各个矩形中心的坐标；利用 text.draw()函数，在 LCD 屏幕上显示出键盘上的数字。屏幕显示文字的函数定义如下：

```
text.draw(str, x, y, textColor, bgColor)
```

参数说明：待输出的字符串、横坐标、纵坐标、文字颜色、背景颜色。

示例代码如下：

```
def showKeyboard(self):
    for i in range(4):
        for j in range(4):
            num = self.keyboard[j][i]
            x = i * (self.button_width + self.margin) + 28
            y = (j + 1) * (self.button_height + self.margin) + 30
            text.draw(self.keydict[num], int(x), int(y), 0x000000, 0xffffff)
```

6. 按键事件的处理

1) 按键定义

按键定义如图 3-5 所示。

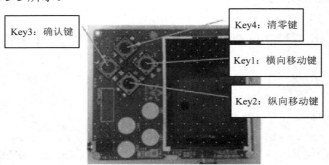

图 3-5　按键定义

Skids 开发板上一共有 4 个按键，在程序中命名为 Key1、Key2、Key3、Key4，分别对应 MCU 的第 4、5、6、7 引脚，如图 3-6 所示。相关代码如下：

```
self.keys = [Pin(p, Pin.IN) for p in [35, 36, 39, 34]]
self.keymatch = ["Key1", "Key2", "Key3", "Key4"]
```

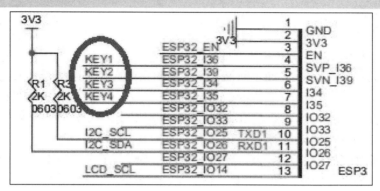

图 3-6　按键对应的 MCU 引脚

self.keys 是计算器类中定义的一个列表，里面存放了 4 个按键在按下或抬起时所对应的 MCU 端口号。在这里，电路设计成按下时值为 "0"，抬起时值为 "1"。self.keymatch 是计算器类中定义的一个匹配列表，被按下的键将与列表中的某个值相匹配，从而进行相应的操作。按键外围电路如图 3-7 所示。

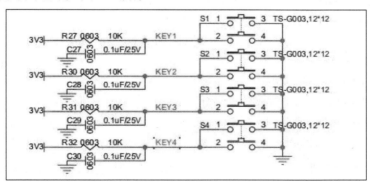

图 3-7　按键外围电路

2）按键的扫描

当某个按键被按下时，需要被系统及时地捕捉到，并对按键事件进行处理。本项目采用的是轮循的方式，即利用一个无限循环，不断地扫描各个按键所对应的引脚电压值，当某个按键被按下时，电压值变为 "0"，即可被检测到，并进行相应的处理。扫描关键代码如下：

```
while True:
    i = 0
    j = -1
    for k in self.keys:
        if (k.value() == 0):
```

```
        if i != j:
            j = i
            self.keyboardEvent(i)
    i = i + 1
    if (i > 3):
        i = 0
```

在 while 循环中，首先定义了两个变量 i，j。变量 j 用于存储上一次被按下的按键，初值为–1。变量 i 的值在 0～3 之间不断循环，分别用来对应 4 个按键，初值为 0。变量 k 用于循环地检测 4 个引脚的输入值，当某个按键被按下后，j 的值被替换为当前被按下的值。同时，启动 keyboardEvent(i)函数，通过变量 i 来决定用哪个事件处理函数去处理该事件。

3) 横向移动按键事件的处理

横向移动所对应的按键为 Key1，当扫描值 i = 0 时，通过查找 self.keymatch[i]列表，就可以确定执行哪个事件处理函数。需要注意的是，变量 i 在程序中会传值给变量 k。相关代码如下：

```
if self.keymatch[i] == "Key1":
    #取消前一个选择
    num = self.keyboard[self.selectYi][self.selectXi]
    x = self.selectXi * (self.button_width + self.margin) + self.startX
    y = self.selectYi * (self.button_height + self.margin) + self.startY
    self.drawRect(x, y, x + self.button_width, y + self.button_height, 2, 0x00ff00)
    #选择右边一个
    self.selectXi = (self.selectXi + 1) % 4
    num = self.keyboard[self.selectYi][self.selectXi]
    x = self.selectXi * (self.button_width + self.margin) + self.startX
    self.drawRect(x, y, x + self.button_width, y + self.button_height, 2, 0xff0000)
```

横向按键的处理主要分两个步骤：首先应取消前一个选择键。因为前一个按键被选择时，会在屏幕上对应的计算器按键周围画一个红色方框，用来表示这个按键被选中。因此在按钮横向移动后，要在屏幕上用绿色方框取代原来被选中的按键的红色方框，把原来的红色方框覆盖掉。self.keyboard 是类中的一个二维列表，它定义了计算器各个键的名字，self.selectYi 和 self.selectXi 分别记录了要取消的键当前在二维列表中的脚标，并把当前所对应的键名存放到变量 num 中。在这里，初始的脚标是 0，所以对应到计算器键盘中的数字"1"。变量 x，y 会根据当前数字键所对应列表中的脚标，计算出当前方框的左上角和右下角的屏幕坐标，并重新在屏幕上画一个绿色方框，覆盖掉原来代表选中的红色方框，来实现"取消选中"的功能。

其次，要在屏幕上新选中的计算器按键周围画红色方框，表示这个按键被选中。先计算出当前按键在列表中的坐标，由于是右移，所以横坐标加 1，纵坐标不变。num 依然存储了当前的键名，根据坐标列表，计算右移后的左上角和右下角坐标，并利用 self.drawRect()

函数画出红色方框，代表该按键被选中。

同理，横向移动所对应的按键为 Key2，取消选中与重新选中的方式与按键 Key1 的相同，仅仅是参数略有差异，不再赘述。

4）确认按键事件的处理

确认按键用于选定按键数值和运算符号，其内容在字典 self.keydict 中进行了定义。在选中两个操作数和一个运算符号后，选择按键"="，即可在显示区看到计算结果。主要代码如下：

```
elif self.keymatch[key] == "Key3":
    num = self.keyboard[self.selectYi][self.selectXi]
    self.sendData(num)
    #清空显示区
    x = self.margin * 3
    y = self.button_height - self.margin * 3
    text.draw('                    ', int(x), int(y), 0x000000, 0xffffff)
    #显示结果
    results = str(self.result)
    length = len(results)
    if length >= 13:
        length = 13
    x = self.screen_width - self.margin * 3 - 16 * length
    y = self.button_height - self.margin * 3
    text.draw(results[0:13], int(x), int(y), 0x000000, 0xffffff)
```

该部分事件处理函数分三个步骤进行：

步骤 1：获取当前计算器键盘中的键，并发送给变量 num，由 sendData(num)函数处理计算结果。如果 num 的值是 0～9 的数，则进行操作数的赋值；如果 num 的值是运算符号，则将之前右操作数的值赋给左操作数，然后等待再一次给右操作数赋值，并完成运算操作。这部分的代码包括两个函数的调用，分别是 sendData()函数和 calculate()函数，其代码如下：

```
#计算器四则运算
def calculate(self, op1, ope, op2):
    if self.keydict[ope] == '+':
        res = op1 + op2
    elif self.keydict[ope] == '-':
        res = op1 - op2
    elif self.keydict[ope] == '×':
        res = op1 * op2
    elif self.keydict[ope] == '÷':
        res = op1 / op2
```

```
        else:
            res = op2
    return res
#计算器算法
def sendData(self, num):
    # 数字 0-9
    if num < 10:
        if self.operator == 11:
            self.r_operand = 0
            self.operator = 123
        if self.dotFlag == 0:
            self.r_operand = self.r_operand * 10 + num
        else:
            self.dotLoc = self.dotLoc + self.dotFlag
            self.r_operand = self.r_operand + num / (10 ** self.dotLoc)
        self.result = self.r_operand
    #小数点.
    elif num == 10:
        if self.dotFlag == 0:
            self.dotFlag = 1
    #等号=
    elif num == 11:
        self.dotFlag = 0
        self.dotLoc = 0
        self.r_operand = self.calculate(self.l_operand, self.operator, self.r_operand)
        self.l_operand = 0
        self.operator = num
        self.result = self.r_operand
    # 运算符+-*/
    elif num > 11:
        self.dotFlag = 0
        self.dotLoc = 0
        self.l_operand = self.calculate(self.l_operand, self.operator, self.r_operand)
        self.r_operand = 0
        self.operator = num
        self.result = self.l_operand
    else:
        print('input error')
```

步骤 2：清空显示区，首先确定显示部分的坐标，然后调用 text.draw()函数对该区域进行清除。

步骤 3：最后，将计算结果 result 进行显示。

本 章 小 结

本章首先讲述了 Python 中关于数字、数据类型、数据运算及数据类型转换等基础知识，使读者具备了一定的 Python 编程基础知识；然后以一个计算器设计项目为例，讲述了设计计算器的思路、过程以及实现过程。通过本章的学习，使读者可以巩固基础知识，进一步提高其实践能力，并为后面列表、字典以及类的学习打下一定的基础。

习　　题

在 LCD 屏幕上设计一个十字路口的交通信号灯，利用上下按键实现南北方向的倒计时控制，利用左右按键实现东西方向的倒计时控制。

第 4 章

制作猜拳游戏

4.1 认识分支结构

前面所学习的程序都是顺序结构，即程序在执行时是一句句往下运行的。这种一句句顺序执行的语句是程序中第一种类型的顺序结构语句。

程序结构除了这种简单的顺序结构外，还有一种会转弯的分支结构，它可以根据执行条件来决定该执行哪些语句，不该执行哪些语句。分支语句是程序中的第二类型的顺序结构语句，又称为条件语句。

所谓的分支，其实就是一种判断，指的是只有满足某些条件，才允许做某件事情，而不满足条件时，是不允许做的。例如，现实生活中，过马路要看红绿灯，如果是绿灯才能过马路，否则需要等待。其实，不仅生活中需要判断，在程序开发中，也经常会用到判断。例如，用户登录的时候，只有用户名和密码全部正确，才被允许登录，否则就会提示登录错误信息。

4.1.1 单分支结构

举个生活中的例子，我们早上去学校，如果是晴天，则可以直接出门；如果是下雨天，则出门前需要带把雨伞。可以看出，雨天会把我们的日常生活打乱。

按照题目描述，先用伪代码实现，大致思路如下：

```
起床
吃早餐
出门前准备
if 天气是下雨天：
    带伞
出门
```

当起床、吃早餐、出门前准备都执行完时，我们需要对天气进行判断：如果是下雨天，则执行带伞操作，执行完以后跳出分支结构，继续执行最后的出门(总共 5 步操作)；如果不是下雨天，则跳过分支结构，直接执行分支结构后面的出门(总共 4 步操作)。

4.1.2　二分支结构

例如，我们在 ATM 机上取款时，在插入银行卡后，机器上会提示用户输入银行卡的密码。如果密码输入正确，则系统进入业务办理主界面；否则，系统会提示用户密码输入错误的信息。

按照题目描述，先用伪代码实现，大致思路如下：

```
插入银行卡
输入密码
if   密码正确：
     业务主界面
else：
     密码输入错误提示
取回银行卡
```

当我们在 ATM 机上插入银行卡，并根据界面提示输入银行卡的密码后，系统会对输入的密码进行校验，当密码输入正确时，则执行进入业务主界面操作，执行完以后跳出分支结构，继续执行取回银行卡操作。如果密码输入错误，则会执行密码输入错误提示操作。若用户忘记了银行卡的密码，则只能执行取回银行卡的操作。

4.1.3　多分支结构

举个例子，在某些情况下，我们需要将学生的考试成绩转换成等级的形式存入数据库。比如，考试成绩为 90～100 分的，输出等级为 "A"；考试成绩为 80～89 分的，输出等级为 "B"；考试成绩为 70～79 分的，输出等级为 "C"；考试成绩为 60～69 分的，输出等级为 "D"；考试成绩为 60 以下的，输出等级为 "E"。

按照题目描述，先用伪代码实现，大致思路如下：

```
输入考试成绩
if   成绩为 90～100：
     等级为 "A"
elif 成绩为 80～89：
     等级为 "B"
elif 成绩为 70～79：
     等级为 "C"
elif 成绩为 60～69：
     等级为 "D"
elif 成绩为 0～59：
     等级为 "E"
保存数据库
```

当输入学生考试成绩后，系统将根据输入的成绩自动转换成相应的等级，并存入数据库中。当用户输入的考试成绩为 90～100 分时，则会执行第一个分支，将等级"A"写入数据库中；当输入的成绩为 80～89 分时，会执行第二个分支，将等级"B"写入数据库中；此次类推，当输入的成绩为 0～59 分时，则会执行最后一个分支，将等级"E"写入数据库中，最后执行保存数据库的操作。

4.2 认识逻辑表达式

在程序开发中，执行结果有时可能和多个条件相关联。例如，在多个条件都成立时才能执行，或者有一个条件成立就可执行，这时就需要使用逻辑运算符。

4.2.1 逻辑运算符

逻辑运算符常用来表示日常交流中的"并且""或者""除非"等思想。逻辑运算符可以把多个条件按照逻辑进行连接，从而变成更加复杂的条件。Python 中的逻辑运算符主要有与(and)、或(or)、非(not)三种。这三种运算符的关系如表 4-1 所示。

表 4-1　逻　辑　运　算　符

运算符	举例	说　　明
and	a and b	二元运算，仅当 a、b 两者都为 True 时结果才为 True，否则为 False
or	a or b	二元运算，只要 a、b 两者之一为 True，结果就为 True，否则为 False
not	not a	一元运算，当 a 为 True 时，结果为 False；当 a 为 False 时，结果为 True

为了便于大家更好地理解逻辑运算符，接下来通过实例演示 Python 逻辑运算符的操作。

【案例 4-1】 逻辑运算符。

(1) 定义一个整数变量 age，要求人的年龄在 0～120 之间。

```
age >= 0 and age <= 120
```

(2) 定义两个整数变量 python_score、c_score，要求只要有一门成绩大于 60 分就算合格。

```
python_score > 60   or   c_score > 60
```

(3) 定义一个布尔型变量 is_employee，判断是否是本公司员工，如果不是，则提示不允许入内。

```
not is_employee
```

在 and、or、not 这三种运算中，not 的运算级别最高，and 次之，or 最低。例如，逻辑式 a and b or not c 中，先运算 not c，之后运算 a and b，最后运算 or。

4.2.2 逻辑表达式

逻辑运算常常与关系运算相结合，形成逻辑表达式。逻辑表达式的值是一个逻辑值，即"True"或"False"。在 Python 编译系统中，判断一个量是否为"真"时，以 0 表示"假"，以非 0 表示"真"。

在逻辑表达式中，关系运算要先于逻辑运算。例如：

(1) a + b > c and a + c > b and b + c > a，只有当 a + b > c，同时 a + c > b，同时 b + c > a 这三个条件都成立时，表达式的结果才为 True。

(2) a > b or a > c，只要 a > b 与 a > c 中的任意一个条件成立，表达式的结果就为 True。

(3) not a or b > c，只要 not a 为 True(即 a 为 False)与 b > c 之一成立，结果就为 True。

【案例 4-2】 逻辑表达式的应用。

(1) 判断一个整数 n 是否为偶数。

分析：n 是否为偶数，只需要判断它除以 2 的余数是否为 0。因此，若 n % 2 == 0，则 n 是偶数；若 n % 2 != 0，则 n 不是偶数，是奇数。

(2) 判断年份 y 是否为闰年。

分析：根据年历知识，年份 y 是否为闰年的条件是下列条件之一成立：

① 年份可被 4 整除，同时不能被 100 整除。

② 年份可被 400 整除。

因此，年份 y 是否是闰年的条件，可以通过以下逻辑表达式来进行判定：

$$(y \% 4 == 0) and ((y \% 100 != 0) or (y \% 400 == 0))$$

若表达式的值为 True，则年份 y 为闰年；若值为 False，则年份 y 为非闰年。

(3) 判断一个变量 c 是否为小写字母。

分析：变量 c 是否是小写，要看它是否在 "a" ～ "z" 之间。由于 Unicode 码中小写字母的值是连续的，因此只要满足 c >= "a" and c <= "z"，则变量 c 就是小写字母。注意：这里不能写成 "a" <= c <= "z" 的形式，这种形式是数学中的表达方式，在 Python 程序中不支持连续不等式的写法。

4.3 条件判断语句

Python 条件语句通过一条或多条语句的执行结果(True 或者 False)来决定执行的代码块，我们可以通过图 4-1 来简单了解条件语句的执行过程。

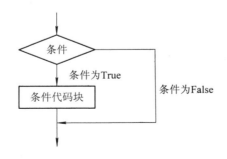

图 4-1 条件语句的执行过程

当条件成立(True)时，执行后面的条件代码块；当条件不成立(False)时，跳过条件代码块，转而执行后面的语句。

简单条件语句的格式有以下几种。

1. 格式 1

```
if  条件：
    语句
```

其中，条件后面有"："号，执行的语句要向右边缩进。这种格式的含义是当条件成立(True)时，便执行指定的语句，执行完后接着执行 if 后的下一条语句；如果条件不成立，则该语句不执行，转去执行 if 后的下一条语句，如图 4-2 所示。

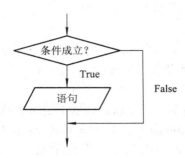

图 4-2 if 语句的执行流程

2. 格式 2

```
if  条件：
    语句 1
else：
    语句 2
```

它的含义是当条件成立(True)时，便执行指定的语句 1，执行完后接着执行 if 后的下一条语句；当条件不成立(False)时，执行指定的语句 2，执行完后接着执行 if 后的下一条语句，程序流程如图 4-3 所示。格式 2 的"语句"可以是一条语句或多条语句，这样形成一个语句块，即"语句 1"与"语句 2"都可以是语句块。

格式 2 中，else 后面有"："号，语句 1、语句 2 都向右边缩进，要对齐，且语句 1、语句 2 都可以包含多条语句。

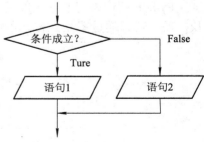

图 4-3 if-else 语句的执行流程

【案例 4-3】 比较两个数的大小。

分析：这是求两个数中最大值的问题，假设输入的数为 a 与 b，当 a > b 时，最大值是 a，否则为 b。

代码如下：

```
a = input("a=")
b = input("b=")
a = float(a)
```

```
b = float(b)
if   a > b:
     c = a
else:
     c = b
print(c)
```

3．格式 3

```
if  条件 1:
    语句 1
elif 条件 2:
    语句 2
    …
elif 条件 n:
    语句 n
else:
    语句 n + 1
```

它的含义是当条件 1 成立时，便执行指定的语句 1，执行完后，接着执行 if 后的下一条语句；如果条件 1 不成立，则判断条件 2，当条件 2 成立时，则执行指定的语句 2，执行完后，接着执行 if 后的下一条语句；如果条件 2 不成立，则继续判断条件 3，以此类推，判断条件 n，如果成立，执行语句 n，接着执行 if 后的下一条语句；如果条件 n 不成立，则最后只有执行语句 n + 1，执行完毕后，接着执行 if 后的下一条语句。程序流程图如图 4-4 所示。

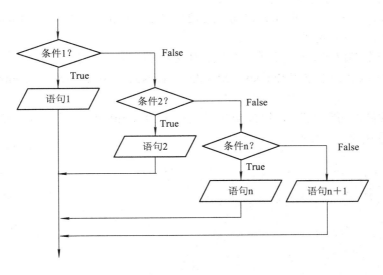

图 4-4　if-elif 语句的执行流程

格式中，每个条件后有 ":" 号，语句 1、语句 2、…、语句 n + 1 等都向右边缩进，要对齐，且语句 1、语句 2、…、语句 n + 1 都可以包含多条语句。

elif 是 else if 的缩写。if 语句的执行特点是，从上往下判断，如果程序中的判断条件很多，全部用 if 语句，则会遍历整个程序，而使用 elif 语句后程序在运行时，只要 if 条件或者后续某一个 elif 条件满足，程序执行完对应语句后就自动结束本轮 if-elif 判断，不会再去冗余地执行后续的 elif 或 else 语句，从而提高了程序的整体运行效率。

【案例 4-4】 输入一个学生的整数成绩 m，按[90, 100]、[80, 89]、[70, 79]、[60, 69]、[0, 59]的范围分别给出 A、B、C、D、E 的等级。

分析：输入的成绩可能不合法(小于 0 或者大于 100)，也可能在[90, 100]、[80, 89]、[70, 79]、[60, 69]、[0, 59]的其中一段之内，可以用负责分支的 if-elif 语句来处理。

代码如下：

```python
score = input("Enter   mark:")
if   score < 0 or score > 100:
    print("Invalid")
elif   score >= 90 and score <= 100:
    print("A")
elif   score >= 80 and score <= 89:
    print("B")
elif   score >= 70 and score <= 79:
    print("C")
elif   score >= 60 and score <= 69:
    print("D")
elif   score >= 0 and score <= 59:
    print("E")
```

当然，if-elif 语句可以和 else 语句一起使用。在上面的例子中，也可以将最后 0～59 分的条件判断改成 else 判断。

【案例 4-5】 输入 0～6 的整数，并把它作为星期，其中 0 对应星期日，1 对应星期一，以此类推，最终在屏幕上输出 Sunday、Monday、Tuesday、Wednesday、Thursday、Friday、Saturday。

分析：假设输入的整数为 w，根据 w 的值可以使用 if-elif-else 语句。当输入的值不在 0～6 范围内时，直接输出"Error"。

代码如下：

```python
w = input("w=")
w = int(w)
if   w == 0:
    s = "Sunday"
elif   w == 1:
    s = "MondayV
elif   w == 2:
```

```
        s = "Tuesday"
elif    w == 3:
        s = "Wednesday"
elif    w == 4:
        s = "Thursday"
elif    w == 5:
        s = "Friday"
elif    w == 6:
        s = "Saturday"
else:
        s = "Error"
print(s)
```

4.4　条件语句的嵌套使用

if 嵌套指的是在 if 或者 if-else 语句里面包含 if 或者 if-else 语句。其嵌套的格式如下：

```
if    条件 1:
        满足条件 1 做的事情 1
        满足条件 1 做的事情 2
        …

        if    条件 2:
                满足条件 2 做的事情 1
                满足条件 2 做的事情 2
                …
```

在上述格式中，外层的 if 判断和内层的 if 判断，具体使用 if 语句还是 if-else 语句，可以根据实际开发的情况进行选择。

我们乘坐火车或者地铁时，必须先买票，只有买到票，才能进入车站进行安检，只有安检通过了才可以正常乘车。在乘坐火车或者地铁的过程中，后面的判断条件是在前面的判断成立的基础上进行的，针对这种情况，可以使用 if 嵌套来实现。代码如下：

```
ticket = 1    #1 代表有车票，0 代表没有车票
knifeLength = 0    #刀子的长度，单位为 cm
if    ticket == 1:
        print("有车票，可以进站")
        if    knifeLength < 10:
                print("通过安检")
                print("终于可以见到 Ta 了，美滋滋~~~")
```

```
        else:
            print("没有通过安检")
            print("刀子的长度超过规定，等待警察处理...")
else:
    print("没有车票，不能进站")
    print("亲爱的，那就下次见了，一票难求啊~~~(>_<)~~~")
```

(1) 假设 ticket = 1、knifeLength = 9，程序的运行结果如图 4-5 所示。

```
ticket: 1
knifeLength: 9
有车票，可以进站
通过安检
终于可以见到Ta了，美滋滋~~~
```

图 4-5　ticket = 1、knifeLength = 9 的运行结果

(2) 假设 ticket = 1、knifeLength = 20，程序的运行结果如图 4-6 所示。

```
ticket: 1
knifeLength: 20
有车票，可以进站
没有通过安检
刀子的长度超过规定，等待警察处理...
```

图 4-6　ticket = 1、knifeLength = 20 的运行结果

(3) 假设 ticket = 0 、knifeLength = 9，程序的运行结果如图 4-7 所示。

```
ticket: 0
knifeLength: 9
没有车票，不能进站
亲爱的，那就下次见了，一票难求啊~~~(>_<)~~~
```

图 4-7　ticket = 0、knifeLength = 9 的运行结果

(4) 假设 ticket = 0 、knifeLength = 20，程序的运行结果如图 4-8 所示。

```
ticket: 0
knifeLength: 20
没有车票，不能进站
亲爱的，那就下次见了，一票难求啊~~~(>_<)~~~
```

图 4-8　ticket = 0、knifeLength = 20 的运行结果

【案例 4-6】 输入 a、b、c 三个参数，求解方程 $ax^2 + bx + c = 0$ 的根。

分析：根据数学知识，只有当 a 不为 0 时，才满足该方程为一元二次方程，然后再判断 Δ 的值。如果 $b^2 - 4ac > 0$，则方程有两个不相等的实数根，$x_{1,2} = \frac{-b \pm \sqrt{b^2 - 4ac}}{2a}$；如果 $b^2 - 4ac = 0$，则方程有两个相等的实数根，$x_1 = x_2 = \frac{-b}{2a}$；如果 $b^2 - 4ac < 0$，则方程无实数根。

代码如下：

```
import    math
a = input("a = ")
b = input("b = ")
c = input("c = ")
a = float(a)
b = float(b)
c = float(c)
if   a != 0:
    d = b * b – 4 * a * c
    if   d > 0:
        d = math.sqrt(d)
        x1 = (-b + d) / 2 / a
        x2 = (-b - d) / 2 / a
        print("x1=",x1, "x2=",x2)
    elif   d == 0:
        print("x1,x2= ",-b/2/a)
    else:
        print("无实数解")
else:
        print("不是一元二次方程！")
```

程序运行结果：

```
a = 1
b = 2
c = 1
x1,x2= -1.0
```

4.5 制作猜拳游戏

相信大家都玩过猜拳游戏，该游戏通过不同的手势分别表示石头、剪刀、布，如图 4-9
所示。在游戏规则中，石头胜剪刀，剪刀胜布，布胜石头。

猜拳游戏与掷硬币、掷骰子的原理类似，就是用产生的随机结果来作决策。在游戏中，
用户通过按下 Skids 开发板上不同的按键来表示不同的手势，分别代表石头、剪刀和布；
而计算机从石头、剪刀、布三者中随机选择一个手势，和用户的手势进行对比，从而确定
最终的胜负情况。

图 4-9　石头、剪刀、布

4.5.1　预备知识

我们模拟一个用户和计算机进行猜拳比赛，比赛的流程如图 4-10 所示。具体流程为：

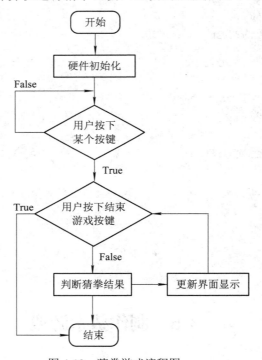

图 4-10　猜拳游戏流程图

(1) 程序启动后，首先进行硬件初始化，主要是对显示屏和按键进行设置。

(2) 完成硬件初始化后，进入一个无限循环中，等待用户按键操作。

(3) 当用户按下按键后，判断是否为结束按键，如果是，则结束游戏；如果不是，则获取用户输入的手势信息，同时计算机随机生成一个手势，和用户输入进行对比，确定胜负关系。

(4) 更新界面显示。

(5) 等待用户的下一次按键操作。

4.5.2　任务要求

为了保证能有较好的用户体验，本项目精心设计了猜拳游戏界面，如图 4-11 所示。

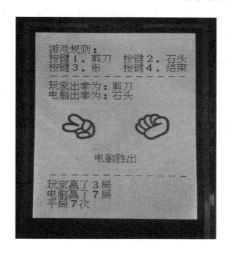

图 4-11　猜拳游戏界面

游戏界面中所罗列的按键 1～4 分别对应 Skids 开发板上的 4 个物理按键，具体排列顺序如图 4-12 所示。其中，右侧按键为"按键 1"，下方的按键为"按键 2"，左侧按键为"按键 3"，上方的按键为"按键 4"。按键分别代表"剪刀""石头""布"以及"结束"，具体的对应关系可通过程序进行设置。

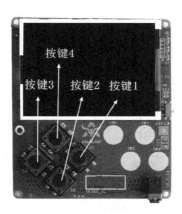

图 4-12　Skids 开发板的按键

游戏界面主要分为三个区域：

(1) 最顶部的区域显示游戏规则和操作说明。

(2) 中间区域显示每次猜拳的情况，包括玩家手势、计算机手势和胜负结果。玩家手势通过不同的按键来表示。

(3) 最下面的区域显示游戏胜负情况的汇总结果。

4.5.3　任务实施

1．硬件初始化

通过类的构造函数，对硬件(屏幕显示和按键设置)进行初始化，同时将游戏的一些统计数据进行清零。代码如下：

```python
def __init__(self, playerName, computerName):
    #将游戏的统计数据进行清零
    self.gameStart = False
    self.playerName = playerName
    self.computerName = computerName
    self.playerScore = 0
    self.computerScore = 0
    self.equalNum = 0
    self.playerStatus = 0
    self.playerMessage = ""
    self.computerStatus = 0
    self.computerMessage = ""
    #设置按键数组
    for p in pins:
        keys.append(Pin(p,Pin.IN))
    #初始化屏幕
    self.displayInit()
```

在构造函数__init__()中，调用了 displayInit()函数来进行屏幕的初始化工作，该函数主要负责完成屏幕顶部的游戏规则和操作说明显示。代码如下：

```python
def displayInit(self, x=10, y=10, w=222, h=303):
    #显示游戏规则信息
    mentionStr1 = "游戏规则："
    mentionStr2 = "按键 1. 剪刀  按键 2. 石头"
    mentionStr3 = "按键 3  布    按键 4. 结束"
    text.draw(mentionStr1, 20, 20, 0x000000, 0xffffff)
    text.draw(mentionStr2, 20, 36, 0x000000, 0xffffff)
    text.draw(mentionStr3, 20, 52, 0x000000, 0xffffff)
    text.draw("-------------", 20, 68, 0x000000, 0xffffff)
    #更新界面显示
    self.updateTotolArea()
    #设置游戏运行状态
    self.gameStart = True
```

2. 开启游戏

通过类的成员函数 startGame()启动游戏的主流程,并等待用户的按键操作。代码如下:

```
def startGame(self):
    print("-------猜拳游戏开始-------")
    while True:
        i = 0
        j = -1
        for k in keys:
            if(k.value() == 0):
                if i != j:
                    j = i
                    self.pressKeyboardEvent(i)
            i = i + 1;
            if(i > 3):
                i = 0
        time.sleep_ms(100) #按键防抖
```

3. 处理用户按键事件

当用户按下按键后,类的成员函数 pressKeyboardEvent()负责进行具体的处理。在该函数中,首先判断游戏是否已经开始,如果游戏未开始,则不必处理键盘输入,函数直接返回。该函数是整个程序中最重要的函数,负责完成具体的游戏过程处理,其代码如下:

```
def pressKeyboardEvent(self, key):
    keymatch=["Key1","Key2","Key3","Key4"]
    #游戏还未开始,不必处理键盘输入
    if(self.gameStart == False):
        return
```

一旦监听到用户有输入,则对用户按下的按键进行判断,这里设定按键 1 代表剪刀、按键 2 代表石头、按键 3 代表布,按键 4 代表游戏结束,用数字 1、2、3 分别代表剪刀、石头和布。代码如下:

```
if(keymatch[key] == "Key1"):
    self.playerStatus = 1
    self.playerMessage = "%s 出拳为:剪刀"%self.playerName
    bmp_jiandao.draw(40, 140)
elif(keymatch[key] == "Key2"):
    self.playerStatus = 2
    self.playerMessage = "%s 出拳为:石头"%self.playerName
    bmp_shitou.draw(40, 140)
elif(keymatch[key] == "Key3"):
```

```
        self.playerStatus = 3
        self.playerMessage = "%s 出拳为：布  "%self.playerName
        bmp_bu.draw(40, 140)
else:
    text.draw("游戏结束", 90, 210, 0x000000, 0xffffff)
    #设置游戏运行状态
    self.gameStart = False
    return
```

4. 为计算机选择随机数

确定用户的出拳情况后，为计算机选择一个随机数(1~3)，分别代表剪刀、石头和布，并作为计算机的出拳情况。代码如下：

```
#计算机的出拳为一个随机值
self.computerStatus = random.randint(1,3)
print(self.computerStatus)
if(self.computerStatus == 1):
    self.computerMessage = "%s 出拳为：剪刀"%self.computerName
    bmp_jiandao.draw(150, 140)
if(self.computerStatus == 2):
    self.computerMessage = "%s 出拳为：石头"%self.computerName
    bmp_shitou.draw(150, 140)
if(self.computerStatus == 3):
    self.computerMessage = "%s 出拳为：布  "%self.computerName
    bmp_bu.draw(150, 140)
#显示计算机和玩家的出拳信息
text.draw(self.playerMessage, 20, 84, 0x000000, 0xffffff)
text.draw(self.computerMessage, 20, 100, 0x000000, 0xffffff)
```

5. 判断胜负情况

确定了用户和计算机的出拳后，对胜负情况进行判断，并记录结果。代码如下：

```
#判断胜负并显示结果
resultMessage = "  平局  "
#出拳相同，为平局
if(self.playerStatus == self.computerStatus):
    self.equalNum += 1    #平局次数加 1
#用户剪刀，计算机布，用户胜
elif(self.playerStatus==1 and self.computerStatus==3):
    resultMessage = "%s 胜出"%self.playerName
    self.playerScore += 1 #用户获胜次数加 1
```

```
#用户石头，计算机剪刀，用户胜
elif(self.playerStatus==2 and self.computerStatus==1):
    resultMessage = "%s 胜出"%self.playerName
    self.playerScore += 1
#用户布，计算机石头，用户胜
elif(self.playerStatus==3 and self.computerStatus==2):
    resultMessage = "%s 胜出"%self.playerName
    self.playerScore += 1
else:                          #其他情况，计算机胜
    resultMessage = "%s 胜出"%self.computerName
    self.computerScore += 1    #计算机获胜次数加 1
#更新界面显示
text.draw(resultMessage, 90, 210, 0x000000, 0xffffff)
self.updateTotolArea()
```

6. 更新界面显示

游戏界面的汇总区域用于显示计算机和用户玩家的胜平负次数。代码如下：

```
def updateTotolArea(self):
    #汇总区域用于显示计算机和玩家的胜平负次数
    print("-------更新汇总区域--------")
    playerTotal = "%s 赢了%d 局" % (self.playerName, self.playerScore)
    computerTotal = "%s 赢了%d 局" % (self.computerName, self.computerScore)
    equalTotal = "平局%d 次" % self.equalNum
    text.draw("------------", 20, 240, 0x000000, 0xffffff)
    text.draw(playerTotal, 20, 256, 0x000000, 0xffffff)
    text.draw(computerTotal, 20, 272, 0x000000, 0xffffff)
    text.draw(equalTotal, 20, 288, 0x000000, 0xffffff)
```

7. 完整程序

在 Skids 开发板上实现猜拳游戏的完整代码如下：

```
from machine import Pin
import random
import time
import screen
import ubitmap
import text

#清除屏幕显示
screen.clear()
```

```python
#定义图片文件
bmp_shitou = ubitmap.BitmapFromFile("shitou")
bmp_jiandao = ubitmap.BitmapFromFile("jiandao")
bmp_bu = ubitmap.BitmapFromFile("bu")
#定义 Skids 开发板的按键引脚数组
pins = [36, 39, 34, 35]
keys = []


class Game():
    def __init__(self, playerName, computerName):
        self.gameStart = False
        self.playerName = playerName
        self.computerName = computerName
        self.playerScore = 0
        self.computerScore = 0
        self.equalNum = 0
        self.playerStatus = 0;
        self.playerMessage = ""
        self.computerStatus = 0
        self.computerMessage = ""
        for p in pins:
            keys.append(Pin(p,Pin.IN))
        self.displayInit()


    def displayInit(self, x=10, y=10, w=222, h=303):
        #显示游戏规则信息
        mentionStr1 = "游戏规则："
        mentionStr2 = "按键 1. 剪刀  按键 2. 石头"
        mentionStr3 = "按键 3. 布    按键 4. 结束"
        text.draw(mentionStr1, 20, 20, 0x000000, 0xffffff)
        text.draw(mentionStr2, 20, 36, 0x000000, 0xffffff)
        text.draw(mentionStr3, 20, 52, 0x000000, 0xffffff)
        text.draw("-------------", 20, 68, 0x000000, 0xffffff)
        self.updateTotolArea()
        #设置游戏运行状态
        self.gameStart = True


    def pressKeyboardEvent(self, key):
```

```
keymatch=["Key1","Key2","Key3","Key4"]
#游戏还未开始，不必处理键盘输入
if(self.gameStart == False):
    return
print(keymatch[key])
if(keymatch[key] == "Key1"):
    self.playerStatus = 1
    self.playerMessage = "%s 出拳为：剪刀"%self.playerName
    bmp_jiandao.draw(40, 140)
elif(keymatch[key] == "Key2"):
    self.playerStatus = 2
    self.playerMessage = "%s 出拳为：石头"%self.playerName
    bmp_shitou.draw(40, 140)
elif(keymatch[key] == "Key3"):
    self.playerStatus = 3
    self.playerMessage = "%s 出拳为：布 "%self.playerName
    bmp_bu.draw(40, 140)
else:
    text.draw("游戏结束", 90, 210, 0x000000, 0xffffff)
    #设置游戏运行状态
    self.gameStart = False
    return


#计算机的出拳为一个随机值
self.computerStatus = random.randint(1,3)
print(self.computerStatus)
if(self.computerStatus == 1):
    self.computerMessage = "%s 出拳为：剪刀"%self.computerName
    bmp_jiandao.draw(150, 140)
if(self.computerStatus == 2):
    self.computerMessage = "%s 出拳为：石头"%self.computerName
    bmp_shitou.draw(150, 140)
if(self.computerStatus == 3):
    self.computerMessage = "%s 出拳为：布 "%self.computerName
    bmp_bu.draw(150, 140)


#显示计算机和玩家的出拳信息
text.draw(self.playerMessage, 20, 84, 0x000000, 0xffffff)
```

```
            text.draw(self.computerMessage, 20, 100, 0x000000, 0xffffff)

            #判断胜负并显示结果
            resultMessage = " 平 局 "
            if(self.playerStatus == self.computerStatus):
                self.equalNum += 1
            elif(self.playerStatus==1 and self.computerStatus==3):
                resultMessage = "%s 胜出"%self.playerName
                self.playerScore += 1
            elif(self.playerStatus==2 and self.computerStatus==1):
                resultMessage = "%s 胜出"%self.playerName
                self.playerScore += 1
            elif(self.playerStatus==3 and self.computerStatus==2):
                resultMessage = "%s 胜出"%self.playerName
                self.playerScore += 1
            else:
                resultMessage = "%s 胜出"%self.computerName
                self.computerScore += 1

            text.draw(resultMessage, 90, 210, 0x000000, 0xffffff)
            self.updateTotolArea()

    def startGame(self):
        print("-------猜拳游戏开始-------")
        while True:
            i = 0
            j = -1
            for k in keys:
                if(k.value() == 0):
                    if i != j:
                        j = i
                        self.pressKeyboardEvent(i)
                i = i + 1;
                if(i > 3):
                    i = 0
            time.sleep_ms(100)        #按键防抖

    def updateTotolArea(self):
```

```
#汇总区域用于显示计算机和玩家的胜平负次数
print("-------更新汇总区域-------")
playerTotal = "%s 赢了%d 局" % (self.playerName, self.playerScore)
computerTotal = "%s 赢了%d 局" % (self.computerName, self.computerScore)
equalTotal = "平局%d 次" % self.equalNum
text.draw("------------", 20, 240, 0x000000, 0xffffff)
text.draw(playerTotal, 20, 256, 0x000000, 0xffffff)
text.draw(computerTotal, 20, 272, 0x000000, 0xffffff)
text.draw(equalTotal, 20, 288, 0x000000, 0xffffff)

if __name__ == '__main__':
    newGame = Game("玩家", "电脑")
    newGame.startGame()
```

实践练习：

(1) 修改按键的处理规则，将 Key4、Key3 和 Key2 分别对应剪刀、石头和布，Key1 对应结束游戏。

(2) 调整游戏流程：当出现平局的时候，提示用户重新按下某个按键，并为计算机重新选择一个随机数，再次将两者进行比较，直到分出胜负。

本 章 小 结

本章主要介绍了 Python 语言中的分支结构，以及分支结构的多种表现形式。在程序开发中，分支结构主要通过 if 语句来实现，当分支情况较复杂时，可以借助 if-elif-else 等语句来实现。

在进行分支选择时，所附加的条件往往需要借助算术运算符、逻辑运算符等，从而形成更复杂的条件判断。

在 Python 开发中，会经常碰到分支结构，因此 if 语句的使用频率非常高，希望读者可以多加以理解，并熟练掌握它们的使用。

习　题

1. 输入两个整数，判断哪个大并输出结果。

2. 输入 a、b、c 三个参数，以它们作为三角形的三条边，判断是否可以构成一个三角形，如能则进一步计算其面积。三角形的面积 s 可以用以下表达式计算：

$$s = sqrt(p * (p - a) * (p - b) * (p - c))$$

其中：p = (a + b + c) / 2。

3. 输入一个字母，如果它是一个小写英文字母，则把它转换为对应的大写字母输出；

如果它是一个大写英文字母，则把它转换为对应的小写字母输出。

4. 输入一个年份，判断它是否为闰年，并输出相关信息。

5. 输入 a、b、c 三个整数，按照从大到小的顺序输出到屏幕上。

6. 某企业发放的奖金是根据利润提成的。利润低于或等于 10 万元时，奖金可提 12%；利润高于 10 万元，低于或等于 20 万元时，高于 10 万元的部分，可提成 8.5%；利润高于 20 万元，低于或等于 40 万元时，高于 20 万元的部分，可提成 6%；利润高于 40 万元，低于或等于 60 万元时，高于 40 万元的部分，可提成 4%；利润高于 60 万元，低于或等于 100 万元时，高于 60 万元的部分，可提成 2.5%；利润高于 100 万元时，超过 100 万元的部分按 1%提成。从键盘输入当月利润，求应发放奖金的总数。

第 5 章

控制 LED 与制作跑马灯

5.1　控制开发板的 LED 灯

　　LED(Light Emitting Diode)又称为发光二极管，如图 5-1 所示。它是一种能够将电能转化为可见光的固态半导体器件，可以直接将电转化为光。LED 的心脏其实是一个半导体的晶片，晶片附在一个支架上，引出两根引线，一根连接电源的负极，另一根连接电源的正极，接通电源后，整个 LED 灯就可以发光。由于 LED 的体积极小并且很脆弱，所以不便于直接使用。通常会用一个外壳将它保护起来，这样就构成了易于使用的 LED 灯珠。

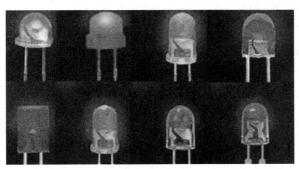

图 5-1　LED 灯

　　半导体晶片由两部分组成，一部分是 P 型半导体，其中空穴占主导地位；另一部分是N 型半导体，其中主要是电子。将这两种半导体连接起来，它们之间就形成了一个 P-N 结。当电流通过导线作用于这个晶片时，N 型半导体内的电子就会被推向 P 型半导体，在 P 型半导体里电子与空穴在发光层剧烈地碰撞、复合产生光子，然后以光子的形式发出能量，这就是 LED 灯发光的原理，如图 5-2 所示。光的波长也就是光的颜色，是由形成 P-N 结的材料决定的。

　　LED 具有以下特点：

　　(1) 低能耗：LED 的工作电压低，采用直流驱动方式，超低功耗(单管 0.03～0.06 W)；电光功率转换接近 100%，在相同照明效果下比传统光源节能 80% 以上。白光 LED 的能耗仅为白炽灯的 1/10，为节能灯的 1/4。

　　(2) 长寿命：灯体内没有松动的部分，不存在灯丝发光易烧、热沉积、光衰等缺点；

使用寿命可达$(6\sim10)\times10^{4}\,h$，是传统光源使用寿命的 10 倍以上。

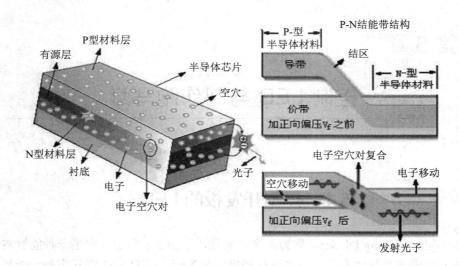

图 5-2　LED 的发光原理

(3) 环保：LED 运用冷光源，眩光小，无辐射，使用中不产生有害物质；同时，光谱中没有紫外线和红外线，而且废弃物可回收，没有污染，不含铅、汞等污染元素，可以安全触摸，属于典型的绿色照明光源。

(4) 安全：固态封装，属于冷光源类型；便于运输和安装，可以被装置在任何微型和封闭的设备中，抗振。

(5) 宽电压：$85\sim264\,V\,AC$ 全电压范围恒流，保证寿命及亮度不受电压波动影响。

LED 光源的应用非常灵活，可以做成点、线、面等各种形式的轻薄短小产品；LED 的控制也极为方便，只要调整电流大小，就可以随意调整光的亮度；不同光色的组合变化多端，利用时序控制电路，能达到丰富多彩的动态变化效果。因此，LED 已经被广泛应用于各种照明设备中，例如电池供电的闪光灯、微型声控灯、安全照明灯、室外道路和室内楼梯照明灯以及建筑物与标记连续照明灯，如图 5-3 所示。

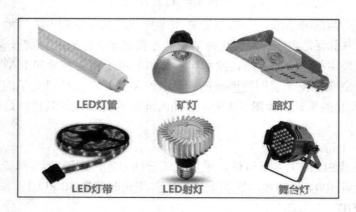

图 5-3　无处不在的 LED

5.1.1　Skids 的 LED

Skids 集成了 4 个 LED，在液晶显示屏幕的上方，如图 5-4 所示，其颜色分别为红、黄、蓝、绿。

图 5-4　Skids 的 LED

Skids 使用通用 IO 端口进行相应 LED 的控制。Skids 通用 IO 端口描述如表 5-1 所示，每一个端口都可以由软件设置来满足各种系统配置和设计需求。在启动程序之前，必须定义每个引脚使用哪个功能。

表 5-1　Skids 通用 IO 端口描述

端口名称	端口号
LED 控制使能	Pin　2
LED1	Pin 14(红色)
LED2	Pin 32(黄色)
LED3	Pin 33(蓝色)
LED4	Pin 27(绿色)

5.1.2　控制 Skids 的 LED

在这种应用中，需要将相应的端口设置为输出口。当输出口为 0 时，LED 亮；当输出口为 1 时，LED 熄灭。

下面以 LED1 为例，介绍如何通过程序控制 Skids 上 LED 灯的开启与关闭。代码如下：

```
#导入用于引脚控制的 Python 库
from machine import Pin
#获取引脚
led_en = Pin(2, Pin.OUT)
led1 = Pin(14, Pin.OUT)
#使能 LED 控制
led_en.value(1)
#开启 LED1
led1.value(0)
```

其中，machine 库提供了与硬件设备相关的操作接口和类，而 Pin 类定义了 MCU 引脚相关的配置。程序的主要步骤依次为：初始化变量→设置 LED 状态→开启 LED1。程序执行后，读者会发现 LED1 为常亮的状态，可思考如何通过修改代码使 LED1 产生闪烁的效果。

所谓闪烁的效果，就是要求 LED1 在开启一段时间后自动关闭，并经过一段时间后，再重启点亮，即 LED1 在开启和关闭状态间进行切换。LED1 闪烁流程图如图 5-5 所示。

对应的程序代码如下：

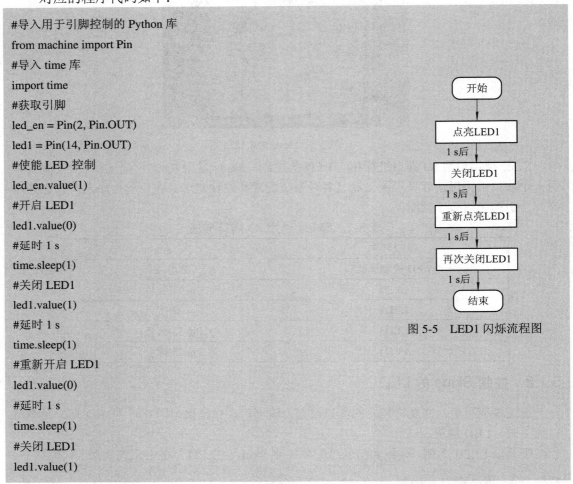

```
#导入用于引脚控制的 Python 库
from machine import Pin
#导入 time 库
import time
#获取引脚
led_en = Pin(2, Pin.OUT)
led1 = Pin(14, Pin.OUT)
#使能 LED 控制
led_en.value(1)
#开启 LED1
led1.value(0)
#延时 1 s
time.sleep(1)
#关闭 LED1
led1.value(1)
#延时 1 s
time.sleep(1)
#重新开启 LED1
led1.value(0)
#延时 1 s
time.sleep(1)
#关闭 LED1
led1.value(1)
```

图 5-5 LED1 闪烁流程图

其中，time 库用来获取时间和日期、测量时间间隔、延时时间等。上面的程序中 LED 开启和关闭两次，如果要开启和关闭 LED 100 次，代码如何编写？

在分析实际问题时，我们经常会遇到一些具有规律性的重复操作。当用程序来解决问题时，可通过重复执行某些代码块来到达目的，这就是 Python 程序中的循环结构。

5.2 认识循环结构

现实生活中，有很多循环的场景，例如，红绿灯交替是一个重复的过程，春夏秋冬一年四季的更替也是一个重复的过程，甚至学生每天的大学生活也是一个循环往复的过程。

　　循环结构用来描述重复执行某段算法的问题，以减少源程序重复书写的工作量，它是程序设计中最能发挥计算机特长的程序结构。循环结构可以看成是一个条件判断语句和一个循环体的组合，如图 5-6 所示。

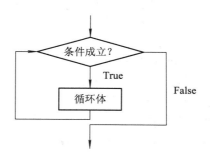

图 5-6　循环结构流程图

　　被重复执行的代码块叫做循环体，而能否继续重复执行循环体取决于循环条件。当条件成立的时候，执行循环体的代码；当条件不成立的时候，跳出循环，执行循环结构后面的代码。

5.3　循 环 语 句

　　在程序中，若希望重复执行某些操作，可以使用循环语句实现。Python 中提供了两种循环语句，分别是 while 循环和 for 循环。

　　注意：Python 中没有 do-while 循环。

5.3.1　while 循环语句

　　Python 中 while 语句的一般形式为：

```
while   判断条件：
    循环体
```

　　判断条件表达式，如果其为真(True)，则执行循环体，执行完一次再次判断条件表达式，直到其为假(False)，则跳出循环。

　　while 循环包含三部分，一是循环变量的初始化，二是循环条件，三是循环体。其中，循环体中有时需要包含循环变量的变化，且循环体中的语句向右边缩进。

　　【案例 5-1】　计算 1 到 100 的总和。

```
sum = 0              #存放结果变量初始化
i = 0                #循环变量初始化
while   i <= 100:    #循环条件
    sum = sum + i
    i = i + 1        #循环变量的变化
```

```
print(" 1 到 100 之和为: %d" %sum)
```

这个循环的循环体只有两条语句，其中 i = i + 1 是循环变量的变化语句。i <= 100 是循环条件，当循环条件成立时，就一直执行循环体；如果循环条件不成立，则结束循环操作。

在某些情况下，循环条件也可能是一个逻辑表达式，它的值为真或为假。循环体可能是一条单一的语句，也可能是语句块。

如果 while 循环的条件一开始就不成立，则 while 循环一次也不会执行。但是，有时候，我们又希望循环是无限的，则可以通过设置判断条件永远为 True 来实现无限循环。无限循环在服务器上客户端的实时请求中非常有用。

【案例 5-2】 输入 5 个同学的成绩，并计算平均成绩。

分析：设计一个 5 次循环，每次输入一个同学的成绩 m，把成绩累计在一个总成绩变量 s 中，最后计算平均成绩并输出。

程序如下：

```
s = 0
i = 0
while   i < 5 :
    m = input("第"+str(i)+ "个成绩： ")
    m = float(m)
    s = s + m
    i = i + 1
print("平均成绩： ", s / 5)
```

在某些情况下，循环结构中还会配合使用选择判断(最常见的是 if 判断)，用来完成数据的筛选工作或列出做事的前提条件。

【案例 5-3】 计算 1~100 以内的偶数和。

分析：在整数中，能被 2 整除的数，称为偶数；也可以表示为，除以 2 以后余数为 0 的数称为偶数。具体代码如下：

```
i = 0
sumResult = 0
while   i< 101:
    if   i %2 == 0:
        sumResult = sumResult + i
    i = i + 1
print("1~100 之间的偶数之和为： %d"%sumResult)
```

5.3.2 for 循环语句

除了 while 循环外，还有一种循环语句，即 for 循环语句。Python 中的 for 循环可以遍历任何序列的项目，如一个列表或者一个字符串。

for 循环的基本格式如下：

```
for   变量   in   序列:
    循环体
```

例如，使用 for 循环遍历列表，示例代码如下：

```
for   i   in   [0, 1, 2]:
    print(i)
```

输出结果：

```
0
1
2
```

上述示例中，for 循环可以将列表中的数值逐个显示。

考虑到我们使用的数值范围经常变化，Python 提供了一个内置的 range() 函数，它可以生成一个数字序列。range() 函数在 for 循环中的格式分为以下几种情况。

1. 有 start、end、step 值

格式如下：

```
for   循环变量   in   range(start, end, step):
    循环体
```

（1）如果 step>0，则循环变量会从 start 开始增加，沿正方向变化，一直到等于或者超过 end 后循环停止；如果循环开始 start >=end，则已经到停止条件，循环一次也不执行。

（2）如果 step < 0，则循环变量会从 start 开始减少，沿负方向变化，一直到负方向等于或者超过 end 后循环停止；如果循环开始 start <= end，则已经到停止条件，循环一次也不执行。

2. 只有 end 值

格式如下：

```
for   循环变量   in   range(end):
    循环体
```

循环变量的值从 0 开始，按 step = 1 的步长增加，一直逼近 end，但不等于 end，直到 end 的前一个值，即 end−1。

3. 只有 start 和 end 值

格式如下：

```
for   循环变量   in   range(start, end):
    循环体
```

（1）如果 start > end，则循环一次也不执行。

（2）如果 start <= end，则循环变量的值从 start 开始，按 step=1 的步长增加，一直逼近 end，但不等于 end，直到 end 的前一个值，即 end−1。

注意：

(1) 循环体的语句向右边缩进。

(2) 没有 start 时，表示 start = 0；没有 step 时，表示 step = 1。

(3) 使用 range(start, end)函数时，循环正常退出时循环变量的值等于 end−1，而非 end。

【案例 5-4】　计算 1 到 100 的总和。

```
s = 0
for  i  in  range(101):
    s = s + i
print(" 1 到 100 之和为: %d" %s)
```

实际上，for 与 while 在大多数情况下是可以相互替代的。这两者最大的不同是：while 循环的循环变量在 while 之前要初始化，变量的变化要开发人员自己控制，循环条件也要自己编写；相对来说，for 循环要简单一些，因为 for 循环的变量变化是有规律的等差数列变化，而 while 循环的变量变化可以是任意的。因此，如果循环变量是有规律变化的，建议使用 for 循环；如果循环变量是无规律变化的，则建议使用 while 循环。

【案例 5-5】　计算 1～100 以内的偶数和。

```
s = 0
for  i  in  range(2, 101, 2):
    s = s + i
print("1～100 之间的偶数之和为：%d"%s)
```

5.4　学习 break 和 continue 语句

在编写循环结构时，很容易出现以下错误。

```
i = 0
while  i < 4:
    print(i)
```

在这个例子中，循环变量 i 永远为 0 即不变化，则 i < 4 永远成立，程序一直输出 0，成为永远不停止的死循环。

如果循环条件一直为真，永远不会变为假，则该循环为死循环。程序如果出现死循环，计算机将永远执行循环语句，其他语句将得不到执行。

解决办法之一就是在循环体中添加中断语句，从而保证程序有出口。修改程序如下：

```
i = 0
while  i < 4:
    print(i)
    if  i % 2 == 0:
        break
```

5.4.1 break 语句

Python 中的 break 语句常用于满足某个条件时，需要立刻退出当前循环，即使循环条件仍然满足或者序列还没被完全递归完的情况。break 语句可以用在 for 循环和 while 循环中。在循环结构中，一旦执行到 break 语句，循环体中在其后边的代码将不会被执行，直接退出循环，其流程如图 5-7 所示。

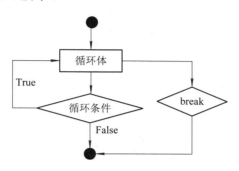

图 5-7　循环结构中的 break 语句

Python 中的 break 语句和 C 语言中的 break 语句类似，都是用来结束当前循环然后跳转到下条语句；常用来表示某个外部条件被触发，一般通过结合 if 判断来完成。在嵌套循环中，当执行到 break 语句时将停止执行最内层的循环，并开始执行外层循环的下一轮操作。

【案例 5-6】 判断 n 是否为素数。

分析：素数又称质数，是指在一个大于 1 的自然数中，除了 1 和此整数自身外，无法被其他自然数整除的数。换句话说，只有两个正因数(1 和自身)的自然数即为素数。因此，判断 n 是否为素数，只需要用 2～n-1 之间的所有数去整除 n，如果存在某个数能整除 n，则后面的数字不用再做整除判断，即可判定 n 不是素数；否则，n 即为素数。

代码如下：

```
n = input( " Enter   n: " )
n = int(n)
for   d   in   range(2,n):
    if   n%d == 0:
        break
if   d= =n-1:
    print(n,  " is a prime " )
else:
    print(n,  " is not a prime " )
```

运行结果：

```
Enter n:12
12 is not a prime
```

5.4.2 continue 语句

与 break 语句直接退出循环结构不同，continue 语句用来告诉 Python 跳过当前循环的剩余语句，然后继续进行下一轮循环，其流程如图 5-8 所示。

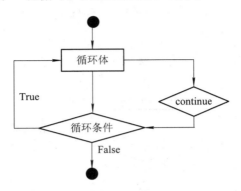

图 5-8 循环结构中的 continue 语句

注意：

(1) break/continue 语句只能用在循环中，除此以外不能单独使用。

(2) 在嵌套循环中，break/continue 语句只对最近的一层循环起作用。

(3) break 语句跳出整个循环体，循环体中未执行的循环将不会执行。

(4) continue 语句跳出本次循环，只跳过本次循环 continue 后的语句。

【**案例 5-7**】 打印 10 以内的奇数。

分析：可以设置一个 0～10 的循环结构，如果某个数能被 2 整除，则这个数就不是奇数，跳出本次循环，进行下一个数字的判断；反之，如果这个数不能被 2 整除，则这个数肯定是奇数，进行打印。

```
n = 0
while  n < 10:
    n = n + 1
    if  n%2 == 0:        #如果 n 是偶数，执行 continue 语句
        continue
    print(n)
```

5.5 循环的嵌套

在一个复杂的程序中，一个循环往往还包含另外一个循环，形成循环嵌套。循环嵌套既可以是 for-in 循环嵌套，也可以是 while 循环嵌套，即各种类型的循环都可以作为外层循环，各种类型的循环也都可以作为内层循环。

当程序遇到循环嵌套时，如果外层循环的循环条件允许，则开始执行外层循环的循环体，而内层循环将被作为外层循环的循环体来执行。当内层循环执行结束且外层循环的循

环体也执行结束时，将再次计算外层循环的循环条件，并决定是否再次开始执行外层循环的循环体。

　　假设外层循环的循环次数为 n 次，内层循环的循环次数为 m 次，则内层循环的循环体实际上需要执行 n × m 次。循环嵌套的执行流程图如图 5-9 所示。

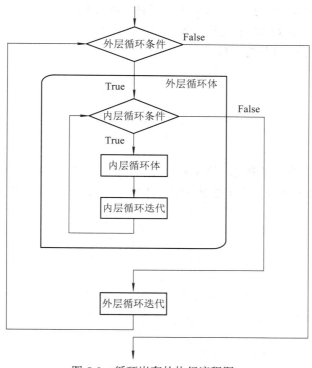

图 5-9　循环嵌套的执行流程图

　　循环嵌套就是把内层循环当成外层循环的循环体。只有内层循环的循环条件为假时，才会完全跳出内层循环，也才可以结束外层循环的本次循环，开始下一次的外层循环。

5.5.1　while 循环嵌套

　　同 if 嵌套类似，while 嵌套指的是 while 里面还包含 while，具体格式如下：

```
while   条件 1:
    条件 1 满足时，做的事情 1
    条件 1 满足时，做的事情 2
    条件 1 满足时，做的事情 3
    ...
    while   条件 2:
        条件 2 满足时，做的事情 1
        条件 2 满足时，做的事情 2
        条件 2 满足时，做的事情 3
        ...
```

上述格式的相关说明如下：

(1) 当满足循环条件 1 时，执行满足条件 1 时要做的事情，此时可能会有执行内部嵌套的循环的机会。

(2) 当满足循环条件 2 时，执行满足条件 2 时要做的事情，直至内嵌的 while 循环结束。

(3) 当不满足循环条件 2 时，退出内部循环，继续执行外部循环的后续操作，待外部循环要做的事情执行完以后，结束整个外部 while 循环。

【案例 5-8】 打印如下的三角形。

```
        *
      *   *
    *   *   *
  *   *   *   *
*   *   *   *   *
```

分析：这个三角形的规律是，第 1 行显示一个*号，第 2 行显示两个*号，以此类推。使用 while 循环嵌套来实现，可以使用外层循环来控制行，内层循环控制要显示的*的个数。

代码如下：

```
i = 1
while   i < 6:
    j = 0
    while   j < i:
        print("*   ",end='')
        j += 1
    print("\n",end='')
    i += 1
```

说明：

(1) 外层循环中的 i 用于控制图形的行，内层循环中的 j 用于控制每行打印的*的个数。

(2) print 函数在输出后就自动换行。实际上，只要在输出函数中设置 end 值，就可以控制该输出不换行。print("*", end='')代表在*输出后不做任何事情。

【案例 5-9】 打印如下所示的九九乘法表。

1×1=1								
2×1=2	2×2=4							
3×1=3	3×2=6	3×3=9						
4×1=4	4×2=8	4×3=12	4×4=16					
5×1=5	5×2=10	5×3=15	5×4=20	5×5=25				
6×1=6	6×2=12	6×3=18	6×4=24	6×5=30	6×6=36			
7×1=7	7×2=14	7×3=21	7×4=28	7×5=35	7×6=42	7×7=49		
8×1=8	8×2=16	8×3=24	8×4=32	8×5=40	8×6=48	8×7=56	8×8=64	
9×1=9	9×2=18	9×3=27	9×4=36	9×5=45	9×6=54	9×7=63	9×8=72	9×9=81

分析：九九乘法表的整体排列和案例 5-8 中的图形类似，不同的是，案例 5-8 中的每

个 * 号变成了乘法表中的每个乘法算式。如果使用 while 嵌套循环来实现,同样使用变量 i 来控制行号,使它从 1 变化到 9;变量 j 用来控制列号,使它也从 1 变化到 9,这样输出 i × j 的值即为九九乘法表中的值。

程序如下:

```
i = 1
while   i < 10:
    j = 1
    while   j <= i:
        print("%d*%d=%d "%(i,j,i*j),end='')
        j += 1
    print("\n",end='')
    i += 1
```

5.5.2　for-in 循环嵌套

同 while 循环嵌套类似,for-in 循环嵌套指的是 for-in 里面还包含了 for-in,具体格式如下:

```
for 循环变量 in 序列:
    for 循环变量 in 序列:
        语句块
    语句块
```

上述格式的相关说明如下:

(1) 第一个 for-in 控制外层循环执行的次数,第二个 for-in 控制内层循环执行的次数。

(2) 内层的 for-in 循环同时又是外层循环的循环体中的一部分。

【案例 5-10】　打印出 1、2、3 这三个数字的所有排列。

分析:所谓的排列是指从给定个数的元素中取出指定个数的元素再进行排序,而全排列是指所有个体全部参与排列。该案例属于全排列,排列数为 6 种(3!)。

代码如下:

```
for  i  in   range(1,4):
    for  j  in   range(1,4):
        for  k  in   range(1,4):
            if  i != j   and  j != k   and i != k:
                print(i,j,k)
```

运行结果:

```
1 2 3
1 3 2
2 1 3
2 3 1
3 1 2
```

3 2 1

【案例 5-11】 找出 2～100 之间的所有素数。

分析：在案例 5-6 中已经掌握了如何去判断一个整数 n 是否为素数，要找出 2～100 之间的所有素数，只要把 n 作为一个循环变量，从 2 循环到 100 为止即可。

程序如下：

```python
count = 0
for  n  in  range(2,101):
    #flag 标志素数
    flag = 1
    for  m  in  range(2,n):
        if  n % m == 0:
            #如果能整除，则 n 不是素数，flag=0，退出 m 的内循环
            flag = 0
            break
    if  flag == 1:
        print("%5d"%n,end="")
        count += 1
        if  count % 5 == 0:
            print()
```

运行结果：

```
 2    3    5    7   11
13   17   19   23   29
31   37   41   43   47
53   59   61   67   71
73   79   83   89   97
```

说明：

(1) 这里使用了 flag 标志位来区分素数，也可以像案例 5-6 一样，使用循环变量的值来区分素数。

(2) print() 等价于 print("\n", end="")。

(3) %5d 代表当输出结果位数不足 5 位时，在其左侧补以相应数量的空格。

5.5.3 while 和 for-in 混合嵌套

一个循环的循环语句可以是一个复合语句，在复合语句中又包含一个循环，由此就构成了循环的嵌套。除了前面介绍的 while 循环嵌套和 for-in 循环嵌套外，还可以在 while 循环中嵌入 for-in 循环；反之，也可以在 for-in 循环中嵌入 while 循环。

5.5.4　循环嵌套的退出

如果有两个循环嵌套，那么内部循环执行 break 语句时仅仅退出内部循环，不会退出外部循环，而外部循环执行 break 语句时会退出外部循环。即 break 语句只退出它所在的那层循环，内部循环的 break 语句不会使整个循环都退出。例如：

```
for i in range(1,4):
    print("进入内层循环")
    for  j  in  range(1,4):
        print(i,j)
        if  j % 2 == 0:
            break
    print("退出内层循环")
print("退出外层循环")
```

运行结果：

```
进入内层循环
1  1
1  2
退出内层循环
进入内层循环
2  1
2  2
退出内层循环
进入内层循环
3  1
3  2
退出内层循环
退出外层循环
```

由此可见，break 是退出内部的 j 循环，而不是退出外部的 i 循环。

5.6　制作跑马灯效果

5.6.1　预备知识

在 5.1.2 节中，采用顺序结构实现了 LED 灯的开启与关闭。该程序实现的主要步骤为：开启 LED1→延时后关闭 LED1→延时后开启 LED1→延时后关闭 LED1。程序中 LED 开启和关闭两次，而对于开启和关闭 LED 100 次的要求，通过顺序结构完成显然不太现实。掌握了循环结构的用法后，通过循环结构就可以轻松地实现 LED 开启关闭 100 次的要求。

本节要求利用学过的循环结构，实现 LED 跑马灯的效果。这里所谓的跑马灯效果，即按照 LED 灯的顺序，每次点亮一盏 LED。具体流程如图 5-10 所示。

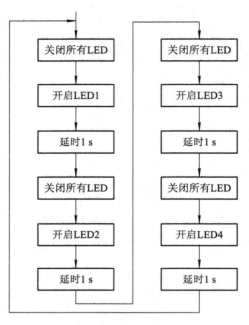

图 5-10　跑马灯的流程图

通过流程图 5-10 可以发现，除了每次开启的 LED 灯的编号有变化，其他操作每次都是重复的，因此考虑采用循环结构来实现。流程修改如图 5-11 所示。

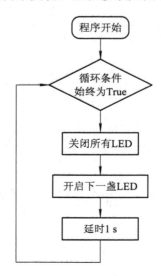

图 5-11　修改后的跑马灯流程图

5.6.2　任务要求

(1) 通过前面循环结构的学习，掌握循环结构的用法，并通过循环结构轻松地实现 LED

开启关闭 100 次的要求。

(2) 利用学过的循环结构，实现 LED 跑马灯的效果，即 LED 灯依次亮起熄灭，不断循环往复。

5.6.3　任务实施

具体做法：将开启关闭 LED 的操作作为一个循环体，设置一个循环变量进行 100 次的计数作为循环条件，即可实现上述要求。

程序如下：

```
count = 0
while    count < 100:
    led1.value(0)        #开启 LED1
    time.sleep(3)
    led1.value(1)        #关闭 LED1
    time.sleep(3)
    count = count + 1
```

同样，对于实现无限次 LED 灯的开启和关闭操作，也可以通过循环结构来完成，只需要将循环的条件设置为始终为 True 即可。程序修改如下：

```
while    True:
    led1.value(0)
    time.sleep(3)
    led1.value(1)
    time.sleep(3)
```

其中，关闭所有 LED 的操作可以通过将 LED1～LED4 存入一个数组中，然后采用循环结构依次关闭。具体代码如下：

```
#定义 LED 数组
leds = [led1, led2, led3, led4]
#关闭所有 LED
for l in leds:
    l.value(1)
```

修改后的流程图如图 5-12 所示。

图 5-12　LED 开启顺序

第一次启动程序后，先开启 LED1，然后按照图 5-12 所示的 LED 开启顺序依次开启，当开启 LED4 后，下一次需要重新开启 LED1。具体代码如下：

```
#定义 LED 数组
leds = [led1, led2, led3, led4]
#初始化循环变量
i = 0
#开始循环
while True:
    #开启特定的 LED
    leds[i].value(0)
    #计算下一个需要开启的 LED 编号
    i = (i + 1) % 4
```

注意：

为了保证开启 LED4 后下一次顺利开启 LED1，需要将循环变量的改变设置为 i = (i + 1) % 4。

为保证能够在 Skids 开发板上实现跑马灯的效果，还需要在程序运行前完成引脚的一些初始化操作，以及 LED 灯的使能控制等操作。完整程序代码如下：

```
from machine import Pin
import time
#获取引脚
led_en = Pin(2, Pin.OUT)
led1 = Pin(14, Pin.OUT)
led2 = Pin(27, Pin.OUT)
led3 = Pin(33, Pin.OUT)
led4 = Pin(32, Pin.OUT)
#定义 LED 数组，以便于后续操作
leds = [led1, led2, led3, led4]
#使能 LED 控制
led_en.value(1)
#初始化循环变量
i = 0
#开始循环
while True:
    #关闭所有 LED
    for l in leds:
        l.value(1)
    #开启特定的 LED
    leds[i].value(0)
    #计算下一个需要开启的 LED 编号
    i = (i + 1) % 4
```

```
#延时 1 s
time.sleep(1)
```

思考：

(1) 调整 LED 的变化周期，由 1 s 改为 3 s。

(2) 修改跑马灯的效果：首先点亮 LED4；然后熄灭 LED4，点亮 LED3；然后熄灭 LED3，点亮 LED2；再熄灭 LED2，点亮 LED1；再熄灭 LED1，点亮 LED4……。

(3) 实现一个流水灯的效果：4 个 LED 同时点亮，然后逐个熄灭，之后再逐个点亮，再逐个熄灭……。

本 章 小 结

本章主要介绍了 Python 语言中的循环结构，以及循环结构的表现形式。在程序开发中，循环结构主要通过 for 语句和 while 语句来实现，在一些复杂的情况下，还可以通过循环嵌套来实现。

在循环操作中，有时循环还没有全部完成，就需要被中断，可以通过 break 语句和 continue 语句来实现。break 语句实现的是立即退出循环，执行循环后续的操作(在循环嵌套中，break 语句往往被用来退出内层循环语句)；而 continue 语句实现的是终止本次循环操作，进而继续进行下一轮的循环。

在 Python 开发中，循环结构使用的频率非常高，希望读者可以多加以理解，并做到灵活运用。

习 题

1. 填空题

(1) 在循环体中使用＿＿＿＿＿＿语句可以跳出循环体。

(2) 在循环体中可以使用＿＿＿＿＿＿语句跳过本次循环后面的代码，重新开始下一轮循环。

(3) 如果希望循环是无限的，可以通过设置条件表达式永远为＿＿＿＿＿来实现无限循环。

2. 选择题

(1) 下列选项中，屏幕会输出 1、2、3 三个数字的是(　　)。

A.　for i in range(3):
　　　　print(i)

B.　for i in range(2):
　　　　print(i + 1)

C.　aList = [0, 1, 2]
　　　for i in aList:
　　　　print(i + 1)

D.　i = 1
　　　while i < 3:
　　　　print(i)
　　　　i = i + 1

(2) 阅读下面的代码：

```
sum = 0
for  i  in  range(100):
    if(i % 10):
        continue
    sum = sum + i
print(sum)
```

上述程序的执行结果是(　　)。

A. 5050　　　　　　B. 4950　　　　C. 450　　　　D. 45

3. 程序题

(1) 编写一个程序，使用 for 循环输出 0~10 之间的整数。

(2) 输入一个正整数，按相反的数字顺序输出另一个数。例如输入 1234，则输出 4321。

(3) 输入两个正整数，找出它们的最大公约数。

(4) 输入两个正整数，找出它们的最小公倍数。

(5) 蜘蛛、蜻蜓、蝉三种动物，共 18 只，腿 118 条，翅膀 20 对。蜻蜓有多少只？

(6) 对一个正整数分解质因数，例如输入 90，则屏幕上打印出 90 = 2 * 3 * 3 * 5。

第 6 章

贪吃蛇游戏制作

6.1　认　识　列　表

　　Python 中有一类基本的数据结构：序列。序列可以进行索引、切片、加、乘、检查成员等操作；序列中的每个元素都具备一个索引，从 0 开始，依次类推；一个具备 N 个元素的序列，索引号为从 0 到 N−1。Python 中的序列还可以细分成 6 个内置类型，列表就是其中之一。

　　列表是最常用的 Python 数据类型，它可以作为一个方括号内的逗号分隔值出现。与 C 语言中的数组不同，列表的数据项不需要具有相同的类型。创建一个列表，只要把逗号分隔的不同的数据项使用方括号括起来即可。例如：

```
>>> list1 = ['english', 'maths', 99, 85]
>>> list2 = [34, 32, 65, 52, -9]
>>> print ("list1[0]: ", list1[0] )
list1[0]:    english
>>> print ("list2[1:5]: ", list2[1:5])
list2[1:5]:    [32, 65, 52, -9]
```

6.2　列表的遍历和操作

6.2.1　访问列表中的值

　　列表使用下标索引来访问其值，可以使用方括号的形式截取字符。

　　【案例 6-1】　访问列表值。

```
>>> list1 = ['english','maths', 99, 85]
>>> list2 = [34, 32, 65, 52, -9]
>>> print("list1[0]", list1[0])
list1[0] english
```

```
>>> print(list2[1:3])
[32, 65]
```

需要注意的是，在使用 list2[1:3]访问列表值时，中括号中的值是半闭半开的。

6.2.2　添加列表元素

列表的元素可以使用 append()方法来添加。

【案例 6-2】　添加列表元素。

```
>>> list1 = ['english', 'maths', 99, 85]
>>> list1.append('france')
>>> print(list1)
['english', 'maths', 99, 85, 'france']
```

append()方法是在列表的末尾加入元素。如果要在列表的中间插入元素，则需要用到 insert()方法。该方法有两个参数，第一个参数代表要插入元素的索引位置，第二个参数代表列表元素的值。示例如下：

```
>>> list1 = ['english', 'maths', 99, 85]
>>> print(list1)
['english', 'maths', 99, 85]
>>> list1.insert(1,'history')
>>> print(list1)
['english', 'history', 'maths', 99, 85]
```

6.2.3　删除列表元素

可以使用 del 语句来删除列表的元素。

【案例 6-3】　删除列表元素。

```
>>> list1 = ['english', 'maths', 99, 85]
>>> print(list1)
['english', 'maths', 99, 85]
>>> del list1[2]
>>> print(list1)
['english', 'maths', 85]
```

除了使用 del 语句外，还可以用列表的方法 remove()来删除列表元素。需要注意的是，使用 remove()方法时，括号里面的参数不是列表元素的索引值，而是列表元素的实际值，否则会发生错误。示例如下：

```
>>> list1 = ['english', 'maths', 99, 85]
>>> print(list1)
['english', 'maths', 99, 85]
```

```
>>> list1.remove(99)
>>> print(list1)
['english', 'maths', 85]
```

列表还有一个删除元素的方法是 pop()。该方法的参数同样是索引值，且参数可为负数，表示从右向左删除列表元素。示例如下：

```
>>> list1 = ['english', 'maths', 99, 85]
>>> print(list1)
['english', 'maths', 99, 85]
>>> list1.pop(-2)
99
>>> print(list1)
['english', 'maths', 85]
```

6.2.4　列表脚本操作符

列表有两个操作符 "+" 和 "*"。"+" 号用于组合列表，"*" 号用于重复列表。

【案例 6-4】　访问脚本操作符。

```
>>> list1 = ['english', 'maths', 99, 85]
>>> list2 = [34, 32, 65, 52, -9]
>>> list1 + list2
['english', 'maths', 99, 85, 34, 32, 65, 52, -9]
>>> list1 * 2
['english', 'maths', 99, 85, 'english', 'maths', 99, 85]
```

6.2.5　列表切片

切片操作需要提供起始索引位置和最后索引位置，然后用冒号 "：" 将两者分开。如果未输入步长，则默认步长为 1。切片操作返回一系列从起始索引位置开始到最后索引位置结束的数据元素。需要注意的是，起始索引位置的值包含在返回结果中，而最后索引位置的值不包含在返回结果中。

【案例 6-5】　访问切片。

```
>>> list1 = ['english', 'maths', 99, 85]
>>> print(list1[1:3])
['maths', 99]
```

也可以进行逆向切片，如下所示：

```
>>> list1 = ['english', 'maths', 99, 85]
>>> print(list1[-3:-1])
['maths', 99]
```

也可以省略起始索引位置，表示从最开始位置进行切片。如果将两个索引都省略，则表示按原样复制一个列表；如果要颠倒列表的顺序，则可以使用"::-1"。示例如下：

```
>>> list1 = ['english', 'maths', 99, 85]
>>> print(list1[:3])
['english', 'maths', 99]
>>> print(list1[:])
['english', 'maths', 99, 85]
>>> print(list1[::-1])
[85, 99, 'maths', 'english']
```

6.2.6　列表的遍历

列表的遍历方法有很多种，下面介绍两种最常用的方法。

【案例 6-6】 遍历。

```
list = ['html', 'js', 'css', 'python']
#方法 1
print('遍历列表方法 1：')
for i in list:
    print ("序号：%s     值：%s" % (list.index(i) + 1, i))
print ('\n 遍历列表方法 2：')
#方法 2
for i in range(len(list)):
    print("序号：%s     值：%s" % (i + 1, list[i]))
```

运行结果如下：

```
遍历列表方法 1：
序号：1     值：html
序号：2     值：js
序号：3     值：css
序号：4     值：python


遍历列表方法 2：
序号：1     值：html
序号：2     值：js
序号：3     值：css
序号：4     值：python
```

6.2.7　列表内置函数和方法

Python 列表中包含的函数如表 6-1 所示。

表 6-1　列表内置函数

序号	函　　数	含　　义
1	cmp(list1, list2)	比较两个列表的元素
2	len(list)	返回列表中元素的个数
3	max(list)	返回列表元素中的最大值
4	min(list)	返回列表元素中的最小值
5	list(seq)	将元组转换为列表

Python 列表中包含的内置方法如表 6-2 所示。

表 6-2　列表内置方法

序号	方　　法	含　　义
1	list.append(obj)	在列表末尾添加新的对象
2	list.count(obj)	统计某个元素在列表中出现的次数
3	list.extend(seq)	在列表末尾一次性追加另一个序列中的多个值
4	list.index(obj)	从列表中找出某个值第一个匹配项的索引位置
5	list.insert(index, obj)	将对象插入列表
6	list.pop([index=-1])	移除列表中的一个元素(默认最后一个元素)，并且返回元素的值
7	list.remove(obj)	移除列表中某个值的第一个匹配项
8	list.reverse()	反向列表中的元素
9	list.sort(cmp=None, key=None, reverse=False)	对原列表进行排序

6.3　元组及使用

6.3.1　认识元组

Python 的序列中还有一个常用的类型就是元组。元组与列表类似，不同之处在于元组的元素不能修改；元组使用小括号，列表使用方括号。创建元组很简单，只需要在括号中添加元素，并使用逗号隔开即可，也可以不用括号。例如：

```
>>> tup1 = ('english', 'maths', 95, 85)
>>> tup2 = (1, 2, 3, 4, 0, -8)
>>> tup3 = "a", "b", "c"
>>> tup1
('english', 'maths', 95, 85)
>>> tup2
(1, 2, 3, 4, 0, -8)
```

```
>>> tup3
('a', 'b', 'c')
```

6.3.2　访问元组

可以使用下标索引来访问元组中的值。

【案例 6-7】　访问元组。

```
>>> tup1 = ('english', 'maths', 95, 85)
>>> print("tup1[0]", tup1[0])
tup1[0] english
>>> print("tup1[1:3]", tup1[1:3])
tup1[1:3] ('maths', 95)
```

6.3.3　连接元组

元组中的元素值是不允许修改的，但可以对元组进行连接组合。

【案例 6-8】　连接元组。

```
>>> tup1 = ('english', 'maths', 95, 85)
>>> tup2 = (1, 2, 3, 4, 0, -8)
>>> tup3 = tup1 + tup2
>>> tup3
('english', 'maths', 95, 85, 1, 2, 3, 4, 0, -8)
```

6.3.4　删除元组

删除操作可以指定删除某个元素，也能直接删除字典，删除一个字典元素或字典需要使用 del 命令。注意删除整个字典后，这个字典类型的变量就被释放了。当然也可以不删除整个变量，直接清空字典里面的所有元素，清空字典可以使用 clear 方法。

【案例 6-9】　删除元组。

```
>>> tup1 = ('english', 'maths', 95, 85)
>>> print(tup1)
('english', 'maths', 95, 85)
>>> del tup1
>>> print(tup1)
Traceback (most recent call last):
  File "<pyshell#49>", line 1, in <module>
    print(tup1)
NameError: name 'tup1' is not defined
```

可以看出，在删除元组 tup1 后，再次输出元组 tup1 会出现错误。

6.3.5　元组运算符

与列表一样，元组之间可以使用"+"号和"*"号进行运算。这就意味着它们可以组合和复制，运算后会生成一个新的元组。元祖的运算符如表 6-3 所示。

表 6-3　元组运算符

Python 表达式	结　果	描　述
len((1, 2, 3))	3	计算元素的个数
(1, 2, 3) + (4, 5, 6)	(1, 2, 3, 4, 5, 6)	连接
('Hi!',) * 4	('Hi!', 'Hi!', 'Hi!', 'Hi!')	复制
3 in (1, 2, 3)	True	元素是否存在
for x in (1, 2, 3): print x	1 2 3	迭代

6.3.6　元组内置函数

Python 中的元组包含的内置函数如表 6-4 所示。

表 6-4　元组内置函数

序号	方　法	描　述
1	cmp(tuple1, tuple2)	比较两个元组的元素
2	len(tuple)	计算元组中元素的个数
3	max(tuple)	返回元组中元素的最大值
4	min(tuple)	返回元组中元素的最小值
5	tuple(seq)	将列表转换为元组

6.4　字典及基本操作

6.4.1　认识字典

Python 中的字典是一种可变容器模型，可存储任意类型的对象。字典中的元素是由键值对构成的，每个键值对用冒号":"分割，每个元素之间用逗号","分割，整个字典包括在花括号"{}"中。其格式如下：

```
d = {key1 : value1, key2 : value2 }
```

需要注意的是，字典中的各个元素的键一般是唯一的，但值不是唯一的。示例代码如下：

```
>>> dict1 = {'a': 2, 'b': 3, 'c': 4}
>>> dict1
{'a': 2, 'b': 3, 'c': 4}
>>> dict2 = {'a': 2, 'b': 3, 'c': 4, 'b': 6}
>>> dict2
```

```
{'a': 2, 'b': 6, 'c': 4}
```

6.4.2　访问字典

由于字典的每一个元素都是键值对，所以可以通过键来获得元素的值。

【案例 6-10】　访问字典。

```
>>> dict = {'a': 2, 'b': 3, 'c': 4}
>>> dict['a']
2
>>> dict['b']
3
>>> dict['c']
4
```

6.4.3　更新字典

字典的更新和字典的访问类似，可以直接通过元素键来修改元素值。如果这个键是当前字典中没有的，则以这个键值对增加一个元素，相当于对字典进行添加。

【案例 6-11】　更新字典。

```
#更新
>>> dict = {'a': 2, 'b': 3, 'c': 4}
>>> dict['a'] = 8
>>> dict
{'a': 8, 'b': 3, 'c': 4}
#添加
>>> dict['d'] = 10
>>> dict
{'a': 8, 'b': 3, 'c': 4, 'd': 10}
```

6.4.4　删除字典元素

删除操作可以指定删除某个元素，也可以清空字典，清空可以使用 clear 方法。删除一个字典需要用 del 命令。

【案例 6-12】　删除字典元素。

```
>>> dict = {'a': 2, 'b': 3, 'c': 4}
>>> del dict['a']        #删除 a 键内容
>>> dict.clear()         #字典清空
>>> del dict             #删除字典
```

6.4.5 字典内置函数与方法

Python 中的字典包含的内置函数如表 6-5 所示。

表 6-5 字典内置函数

序号	函 数	描 述
1	cmp(dict1, dict2)	比较两个字典元素
2	len(dict)	计算字典元素的个数，即键的总数
3	str(dict)	将键值对转化为适于阅读的形式，以可打印的字符串表示
4	type(variable)	返回输入的变量类型，如果变量是字典，则返回字典类型

Python 中的字典包含的内置方法如表 6-6 所示。

表 6-6 字典内置方法

序号	函 数	描 述
1	dict.clear()	清空字典内所有元素
2	dict.copy()	返回一个字典的浅复制
3	dict.fromkeys(seq[, val])	创建一个新字典
4	dict.get(key, default=None)	返回指定键的值，如果值不在字典中，则返回 default 值
5	dict.has_key(key)	如果键在字典 dict 中，则返回 True，否则返回 False
6	dict.items()	以列表返回可遍历的(键，值)元组数组
7	dict.keys()	以列表返回一个字典所有的键
8	dict.setdefault(key, default=None)	添加键并将其值设为 default
9	dict.update(dict2)	把字典 dict2 的键值对更新到 dict 里
10	dict.values()	以列表返回字典中的所有值
11	pop(key[, default])	删除给定键 key 所对应的值，返回值为被删除的值
12	popitem()	随机返回并删除字典中的一对键和值

6.5 制作贪吃蛇游戏

6.5.1 预备知识

贪吃蛇是一款经典的小游戏，玩家使用方向键操控一条长长的蛇不断吞下豆子，同时蛇身随着吞下的豆子不断变长，当蛇头撞到蛇身时游戏结束。贪吃蛇最初为人们所知的是诺基亚手机附带的一个小游戏，它伴随着诺基亚手机走向世界。现在的贪吃蛇出现了许多衍生版本，并被移植到各种平台上。如今，在 Skids 平台上，利用 Python 语言可以实现它。

在本项目中，因为涉及屏幕的显示、填充和食物的随机产生，所以在程序设计前，首先要引入相关的模块，或者是模块中的某些方法：

```
#引入 machine 中关于 Pin 的方法
from machine import Pin
```

```
#引入 time 模块的所有方法
import time
#引入 utime 模块的所有方法
import utime
#引入 randint 方法，目的是产生随机数，控制食物的产生
from random import randint
#引入帧缓冲模块，用于图像显示
import framebuf
#引入 LCD 操作的相关方法，控制图像显示
from show.lcd import HW_SPI, ILI9341, color565
```

6.5.2 任务要求

任务要求如下：

(1) **界面绘制**：生成贪吃蛇的游戏界面。

(2) **按键控制**：4 个按键是方向键，分别代表上、下、左、右。

(3) **食物生成**：每吃掉一颗食物，再自动随机生成一颗食物。

(4) **运动控制**：贪吃蛇以一个合适的速度向指定方向前进。

(5) **游戏控制**：游戏不能无故间断。

6.5.3 任务实施

1. 定义类

1) 定义网格类

游戏中的坐标系，原点在左上角(0, 0)，x 轴水平方向向右，逐渐增加；y 轴垂直方向向下，逐渐增加。在游戏中，所有可见的元素都以矩形区域来描述其位置。描述一个矩形区域有 4 个要素，即(x, y)(width, height)，这两个坐标分别是矩形区域的左上角坐标、宽度和高度，如图 6-1 所示。

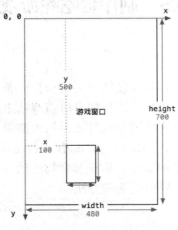

图 6-1　坐标系

贪吃蛇的网格坐标：将屏幕分成若干个 10×10 的网格，对指定网格在屏幕上填充蓝色形成蛇的身体，对指定网格在屏幕上填充红色形成食物。网格左上角坐标和屏幕坐标的示意图如图 6-2 所示。

变换公式为

$$x = 网格横坐标 \times 10 + a$$
$$y = 网格纵坐标 \times 10 + b$$

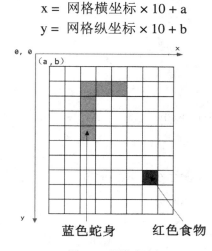

图 6-2　网络规划

贪吃蛇在移动时，在移动方向上填充身体的屏幕颜色蓝色，在移动后蛇尾部填充背景的屏幕颜色白色(注意，不能向自己的反方向前进)，如图 6-3 所示。

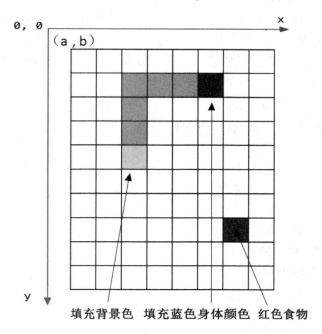

图 6-3　网络颜色填充

网格类示例代码如下所示。在类初始化代码中，定义了起始坐标、矩形宽度、填充颜色及显示填充的初始化。在 draw(self, pos, color)方法中给出了计算各个单元格坐标的方法，并调用 display 的填充方法进行单元格的填充。注意，代码中的__是两个下划线。

```python
class Grid(object):
    def __init__(self, master=None, x=10, y=10, w=222, h=303):
        self.x = x
        self.y = y
        self.w = w
        self.h = h
        self.width = w //10-1
        self.height = h //10-1
        self.bg = color565(0x00, 0x00, 0x00)
        print(self.width, self.height)
        display.fill(self.bg)
        display.fill_cell(x, y, w, h, color565(0xff, 0xff, 0xff))

    def draw(self, pos, color):
        x = pos[0] * 10 + self.x + 1
        y = pos[1] * 10 + self.y + 1
        display.fill_rectangle(x, y, 10, 10, color)
```

2) 定义食物类

在初始化函数中，食物类定义了几个变量，分别用来初始化食物的网格、颜色和位置信息。除此以外，还定义了两个类方法，分别是 set_pos(self) 和 display(self)。前者用来生成一个随机的变量，以描述食物随机生成的位置；后者用来根据随机产生的位置，以指定的颜色进行网格单元格填充。示例代码如下：

```python
class Food(object):
    def __init__(self, grid, color = color565(0xff, 0x00, 0x00)):
        self.grid = grid
        self.color = color
        self.set_pos()
        self.type = 1
    def set_pos(self):
        x = randint(0, self.grid.width - 1)
        y = randint(0, self.grid.height - 1)
        self.pos = (x, y)
    def display(self):
        self.grid.draw(self.pos, self.color)
```

3) 定义蛇类

在蛇类的初始化代码中，定义了与蛇操作相关的网格、颜色、移动朝向以及初始化蛇的身体位置信息。在初始化以后，利用 grid 类的 draw()方法，画出了指定颜色的三条蛇身体图案。三条蛇身体信息的坐标分别是：(5, 5), (5, 6), (5, 7)。另外，在游戏重新开始时，也有一个类似的初始化函数 initial(self)。与类初始化函数类似，该初始化函数定义了与蛇操作相关的网格、颜色、移动朝向以及初始化蛇的身体位置信息。示例代码如下：

```
class Snake(object):
    def __init__(self, grid, color = color565(0xff, 0xff, 0xff)):
        self.grid = grid
        self.color = color
        self.body = [(5, 5), (5, 6), (5, 7)]
        self.direction = "Up"
        for i in self.body:
            self.grid.draw(i, self.color)


    #该方法用于游戏重新开始时初始化贪吃蛇的位置
    def initial(self):
        while not len(self.body) == 0:
            pop = self.body.pop()
            self.grid.draw(pop, self.grid.bg)
        self.body = [(8, 11), (8, 12), (8, 13)]
        self.direction = "Up"
        self.color = color565(0xff, 0xff, 0xff)
        for i in self.body:
            self.grid.draw(i, self.color)
```

在蛇类的成员方法中，move()方法的功能是随着画面的不断刷新，不断地改变蛇的身体位置，并不断修改 self.body 列表中蛇身体的数据，使蛇的身体实现移动的效果。蛇每向前走一步，前方的单元格将被渲染成蛇身的颜色，而蛇尾最后一个单元格将被渲染成背景色。该方法将在游戏类中被循环调用。代码如下：

```
def move(self, new):
    self.body.insert(0, new)
    pop = self.body.pop()
    self.grid.draw(pop, self.grid.bg)
    self.grid.draw(new, self.color)
```

蛇类的成员方法中，add()方法的功能是在蛇吃到正常的食物时，将自身的长度加 1，并将 body 列表进行插入更新，最后通过 draw 方法渲染所在的单元格。代码如下：

```
def add(self, new):
    self.body.insert(0, new)
    self.grid.draw(new, self.color)
```

　　cut_down()方法的功能是在蛇吃到特殊食物 1 时，将自身的长度加 1。首先，将 body 列表进行插入更新，并通过 draw 方法渲染所在的单元格；然后，利用一个循环操作，从 body 列表弹出指定个数的元素，从而实现蛇身体减 1；最后，利用 grid.draw(pop, self.grid.bg) 方法将弹出的元素渲染成背景色。代码如下：

```python
def cut_down(self, new):
    self.body.insert(0, new)
    self.grid.draw(new, self.color)
    for i in range(0, 3):
        pop = self.body.pop()
        self.grid.draw(pop, self.grid.bg)
```

　　init()方法的功能是在蛇吃到特殊食物 2 时，将自身的长度恢复成最初的样子。首先将 body 列表进行插入更新，并通过 draw 方法渲染所在的单元格；然后，利用一个循环操作，从 body 列表弹出指定个数的元素，从而实现蛇身体长度为 3；最后，利用 grid.draw(pop, self.grid.bg)方法将弹出的元素渲染成背景色。代码如下：

```python
def init(self, new):
    self.body.insert(0, new)
    self.grid.draw(new, self.color)
    while len(self.body) > 3:
        pop = self.body.pop()
        self.grid.draw(pop, self.grid.bg)
```

　　change()方法的功能是在蛇吃到特殊食物 3 时，改变自身颜色。首先，将 body 列表进行插入更新，并通过 draw 方法渲染所在的单元格；然后，利用 grid.draw(item, self.color)将蛇身渲染成其他颜色。代码如下：

```python
def change(self, new, color):
    self.color = color
    self.body.insert(0, new)
    for item in self.body:
        self.grid.draw(item, self.color)
```

　　4）定义游戏类

　　游戏类是整个项目的综合类，在初始化构造函数中定义了网格类、蛇类和食物类，并且定义了游戏状态、游戏速度等参数值。代码如下：

```python
class SnakeGame():
    def __init__(self):
        self.grid = Grid()
        self.snake = Snake(self.grid)
        self.food = Food(self.grid)
```

```
        self.gameover = False
        self.score = 0
        self.status = ['run', 'stop']
        self.speed = 300
        self.display_food()
```

display_food()方法用于在网格中显示随机生成的食物。为了增加游戏的趣味性，可将食物分为 4 个类型：

(1) type1：普通食物，颜色用 self.food.color = color565(0x00, 0xff, 0x00)表示。

(2) type2：减少长度，颜色用 self.food.color = color565(0xff, 0xff, 0xff)表示。

(3) type3：吃了这种食物会使蛇回到最初状态，颜色用 self.food.color = color565(0x00, 0xff, 0x00)表示。

(4) type4：吃了会变色，颜色用 self.food.color = color565(0x00, 0x00, 0xff)表示。

需要注意的是，随机在网格中生成食物以后，每次都要检查该食物是否与蛇身体的列表重复。如果重复，则重新生成。示例代码如下：

```
def display_food(self):
    self.food.color = color565(0xff, 0x00, 0x00)
    self.food.type = 1
    if randint(0, 40) == 5:
        self.food.color = color565(0x00, 0xff, 0x00)
        self.food.type = 3
        while (self.food.pos in self.snake.body):
            self.food.set_pos()
        self.food.display()
    elif randint(0, 4) == 2:
        self.food.color = color565(0x00, 0x00, 0xff)
        self.food.type = 4
        while (self.food.pos in self.snake.body):
            self.food.set_pos()
        self.food.display()
    elif len(self.snake.body) > 10 and randint(0, 16) == 5:
        self.food.color = color565(0xff, 0xff, 0xff)
        self.food.type = 2
        while (self.food.pos in self.snake.body):
            self.food.set_pos()
        self.food.display()
    else:
        while (self.food.pos in self.snake.body):
            self.food.set_pos()
        self.food.display()
```

```
print(self.food.type)
```

　　initial(self)方法用于游戏重新开始时初始化游戏，包括游戏标志位设置、成绩初始为 0以及蛇类重新初始化。示例代码如下：

```
def initial(self):
    self.gameover = False
    self.score = 0
    self.snake.initial()
```

　　run(self)方法是游戏类的运行代码，在游戏开始时循环运行。首先，循环判断是否有按键按下，并记录哪个按键按下，以决定蛇身体向哪个方向移动；然后，判断游戏是否暂停或者结束，如果暂停则游戏类调用 initial(self)函数；最后，根据按键按下的情况，处理蛇身体列表数据，同时，实时检查吃到的食物类型，并进行相应的处理。当吃到的食物坐标属于自己本身体列表中的数据后，游戏结束。示例代码如下：

```
def run(self):
    while True:
        i = 0
        j = -1
        for k in keys:
            if k.value() == 0:
                if i != j:
                    print("i=", )
                    print("j=", j)
                    j = i
                    self.key_release(i)
            i = i + 1
            if i > 3:
                i = 0
        #首先判断游戏是否暂停
        if not self.status[0] == 'stop':
            if self.gameover == True:
                self.initial()
            else:
                #判断游戏是否结束
                self.move()
        time.sleep_ms(125)
        #self.after(self.speed, self.run)
def move(self, color=color565(0xff, 0xff, 0xff)):
    #计算蛇下一次移动的点
```

```python
            head = self.snake.body[0]
            #print(self.snake.direction)
            if self.snake.direction == 'Up':
                if head[1] - 1 < 0:
                    new = (head[0], 29)
                else:
                    new = (head[0], head[1] - 1)
            elif self.snake.direction == 'Down':
                new = (head[0], (head[1] + 1) % 29)
            elif self.snake.direction == 'Left':
                if head[0] - 1 < 0:
                    new = (21, head[1])
                else:
                    new = (head[0] - 1, head[1])
            else:
                new = ((head[0] + 1) % 21, head[1])
                #撞到自己，设置游戏结束的标志位，等待下一循环
            if new in self.snake.body:
                self.gameover = True
            #吃到食物
            elif new == self.food.pos:
                print(self.food.type)
                if self.food.type == 1:
                    self.snake.add(new)
                elif self.food.type == 2:
                    self.snake.cut_down(new)
                elif self.food.type == 4:
                    self.snake.change(new, color565(0x00, 0x00, 0xff))
                else:
                    self.snake.init(new)
                self.display_food()


            #什么都没撞到，继续前进
            else:
                self.snake.move(new)
    def key_release(self, key):
        keymatch=["Down","Left","Up","Right"]
        key_dict = {"Up": "Down", "Down": "Up", "Left": "Right", "Right": "Left"}
```

```
print(keymatch[key])
#蛇不可以向自己的反方向移动
ifkeymatch[key] in key_dict and not keymatch[key] == key_dict[self.snake.direction]:
    self.snake.direction = keymatch[key]
    self.move()
```

2. 设计程序流程

1) 游戏初始化

程序开始时，首先进行初始化工作，如图 6-4 所示。

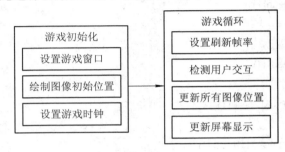

图 6-4　程序流程

初始化包括三个方面：

(1) 设置游戏窗口。

程序在开始时，首先创建了蛇类，并进行构造函数初始化。在构造函数中，进行了网格的初始化，用来设置游戏窗口，如图 6-5 所示。示例代码如下：

```
#在程序运行时，首先创建游戏类，并进行构造函数初始化
snake = SnakeGame()
#在构造函数中，调用网格类实现界面设置
self.grid = Grid()
```

图 6-5　程序初始化

(2) 绘制图像初始位置。

通过构造函数调用蛇类和食物类代码，实现绘制图像初始位置。示例代码如下：

```
self.snake = Snake(self.grid)
self.food = Food(self.grid)
```

(3) 设置游戏时钟。

通过 time.sleep_ms(125)延时函数设置游戏时钟。

2) 游戏循环

初始化设置后，就可以利用一个大循环实现程序的功能了。程序的主要功能包括检测用户交互，更新图像位置，更新屏幕显示等，主要控制代码在前面已经完整讲述过。利用循环去实现的主要目的是保证游戏不会直接退出，实现变化图像位置的动画效果，每隔一段时间移动或更新一下所有图像的位置，检测用户交互，如按键、鼠标等。程序运行效果如图 6-6 所示。

图 6-6 程序运行

本 章 小 结

本章的主要任务是设计贪吃蛇游戏。在设计之前，首先介绍了关于列表、元组和字典的相关知识，这些是贪吃蛇程序设计的基础；然后，利用面向对象的程序设计方法，定义了 4 个类：网格类、食物类、蛇类以及游戏类；最后，利用一个无限循环实现了贪吃蛇游戏的功能。

习 题

设计一个"坦克大赛"的游戏，实现坦克的移动功能。坦克撞墙后，游戏结束。

第 7 章

2048 游戏的制作

7.1　函数的定义和调用

前面所学习的程序都是为了实现某些功能而编写的，但是这种程序若要很容易地被其他人使用或嵌入到自己的程序中，就需要对代码块进行命名，以方便使用，这就是函数。函数是带名字的代码块，用于完成具体的工作。

要执行函数定义的特定任务，可调用该函数。需要在程序中多次执行同一项任务时，无需反复编写完成该任务的代码，而只需调用执行该任务的函数，使 Python 运行其中的代码即可。通过使用函数，程序的编写、阅读、测试和修复都将更容易。

7.1.1　定义函数

下面是一个打印问候语的简单函数，名为 greet_user()。

```
def greet_user():
    """显示简单的问候语"""
    print("Hello!")
    print("This is function")
greet_user()
```

这个示例演示了最简单的函数结构。在 Python 中使用关键字 def 用于定义一个函数。函数定义向 Python 指出了函数名，还可以在括号内指出函数为完成其任务需要的信息。本例的函数名为 greet_user()，它不需要任何信息就能完成其工作，因此括号中的信息是空的（即便如此，括号也必不可少）。最后，定义以冒号结尾。

紧跟在 def greet_user():后面的所有缩进行构成了函数体。"""的文本是被称为文档字符串的注释，描述了函数是做什么的。文档字符串用三引号括起，Python 使用它们来生成有关程序中函数的文档。

代码行 print("Hello!")和 print("This is function")是函数体内的代码，greet_user()只做一项工作：打印 Hello!和 This is function。

要使用这个函数，可以调用它；要调用函数，可依次指定函数名以及用括号括起的必要信息。由于这个函数不需要任何信息，因此调用它时只需输入 greet_user()即可。和预期的一样，它的功能是打印如下结果：

Hello!

This is function

7.1.2　调用过程

7.1.1 节中例子的最后一行是对函数的调用，这句中的 greet_user()可以认为是主程序，这里给出函数名和括号来调用这个函数。整个程序就从这行开始运行，正是这一行让程序开始运行刚才定义的函数中的代码。

主程序调用函数时，被调用函数可以帮助主程序完成它的任务。图 7-1 中，def 块中的代码并不是主程序的一部分，所以程序在运行时会跳过这一部分，从 def 块以外的第一行代码开始运行。作者在图 7-1 所示程序的最后额外增加了一行代码，用于在函数完成后打印一条消息。

图 7-1　函数调用执行的过程

图 7-1 显示了函数调用的步骤：

步骤 1：程序从此处开始执行。这是主程序的开始。

步骤 2：调用函数时，跳到函数中的第一行代码。

步骤 3：执行函数中的每一行代码。

步骤 4：函数完成时，从离开主程序的位置继续执行。

调用函数是指运行函数里的代码。如果一个函数从不被调用，那么函数的代码永远也不会运行。调用函数时要使用函数名和一对括号，有时括号里会有些参数，有时没有，下面我们会介绍这部分知识。

7.2　函数的参数和返回值

在 7.1.1 节函数的定义中，函数名后面有一对括号，括号里可以传入一些信息，或者什么也不传。在编程中，传给函数的信息可以称为参数，传递的过程称为向函数传递参数。

7.2.1　形参和实参

可以对 7.1.1 节中定义的函数 greet_user()进行升级，在定义该函数时，可以在括号中增加一个 username 变量，并为其指定一个值。调用这个函数并提供变量信息时，它将打印相应的问候语。

在函数 greet_user() 的定义中，变量 username 是一个形参——函数完成其工作所需的一项信息。在代码 greet_user('jesse') 中，值 'jesse' 是一个实参。实参是调用函数时传递给函数的信息。调用函数时，将函数要使用的信息放在括号内。在 greet_user('jesse') 中，将实参 'jesse' 传递给了函数 greet_user()，这个值被存储在形参 username 中。

鉴于函数定义中可能包含多个形参，因此函数调用中也可能包含多个实参。向函数传递实参的方式很多，可使用位置实参，这要求实参的顺序与形参的顺序相同；也可使用关键字实参，其中每个实参都由变量名和值组成；还可使用列表和字典。下面将介绍这些参数传递的方式。

7.2.2 传递实参的几种方式

调用函数时，Python 必须将函数调用中的每个实参都关联到函数定义中的一个形参，最常用的传递方式是根据参数的位置来和形参关联，例如下面的例子。

【案例 7-1】 编写函数，打印宠物类型和名字。

分析：传入一种动物类型和一个名字，打印相关的宠物信息，需要两个参数，即一种动物类型和一个名字。

代码如下：

```python
def describe_pet(animal_type, pet_name):
    """显示宠物的信息"""
    print("\nI have a " + animal_type + ".")
    print("My " + animal_type + "'s name is " + pet_name.title() + ".")
describe_pet('hamster', 'Harry')
```

调用 describe_pet() 时，需要按顺序提供一种动物类型和一个名字。例如，在该例子的函数调用中，实参 'hamster' 存储在形参 animal_type 中，而实参 'Harry' 存储在形参 pet_name 中。在函数体内，使用了这两个形参来显示宠物的信息。函数输出描述了一只名为 Harry 的仓鼠：

```
I have a hamster.
My hamster's name is Harry.
```

可以根据需要调用函数任意次。例如，若要再描述一个宠物，只需再次调用 describe_pet() 即可。代码如下：

```python
describe_pet('dog', 'willie')
```

第二次调用 describe_pet() 函数时，我们向它传递了实参 'dog' 和 'Willie'。与第一次调用时一样，Python 将实参 'dog' 关联到形参 animal_type，并将实参 'Willie' 关联到形参 pet_name。与前面一样，这个函数完成其任务，但打印的是一条名为 Willie 的小狗的信息。至此，我们有一只名为 Harry 的仓鼠，还有一条名为 Willie 的小狗：

```
I have a dog.
My dog's name is Willie.
```

　　多次调用函数是一种效率极高的工作方式。我们只需在函数中编写描述宠物的代码一次，然后每当需要描述新宠物时，都可调用这个函数，并向它提供新宠物的信息。即便描述宠物的代码增加到了 10 行，依然只需使用一行调用函数的代码，就可描述一个新宠物。

　　在函数中，可根据需要使用任意数量的位置实参，Python 将按顺序将函数调用中的实参关联到函数定义中相应的形参。但是如果调用者不清楚参数的位置顺序，就很容易将实参的位置搞错，从而使函数的使用出错。为了解决这个问题，又引入了新的传递方式。

　　关键字实参是传递给函数的名称-值对，它在实参中直接将名称和值关联起来，因此向函数传递实参时不会混淆(例如，不会得到名为 hamster 的 Harry 的结果)。关键字实参使使用者不需要考虑函数调用中实参的顺序，而且还清楚地指出了函数调用中各个值的用途。

　　重新编写程序如下，在其中使用关键字实参来调用 describe_pet()：

```
def describe_pet(animal_type, pet_name):
    """显示宠物的信息"""
    print("\nI have a " + animal_type + ".")
    print("My " + animal_type + "'s name is " + pet_name.title() + ".")
describe_pet(animal_type='hamster', pet_name='harry')
```

　　由以上代码可以看出，在调用函数 describe_pet()时，我们向 Python 明确地指出了各个实参对应的形参，Python 知道应该将实参'hamster'和'Harry'分别存储在形参 animal_type 和pet_name 中。输出正确无误，它指出我们有一只名为 Harry 的仓鼠。关键字实参的顺序无关紧要，因为 Python 知道各个值该存储到哪个形参中。下面两个函数调用是等效的：

```
describe_pet(animal_type='hamster', pet_name='harry')
describe_pet(pet_name='harry', animal_type='hamster')
```

　　编写函数时，可给每个形参指定默认值。在调用函数中给形参提供了实参时，Python将使用指定的实参值；否则，将使用形参的默认值。因此，给形参指定默认值后，可在函数调用中省略相应的实参。使用默认值可简化函数调用，还可清楚地指出函数的典型用法。

　　例如，在调用 describe_pet()时，如果发现描述的大都是小狗时，就可将形参 animal_type的默认值设置为'dog'。这样，调用 describe_pet()来描述小狗时，可不提供宠物类型信息。

　　代码如下：

```
def describe_pet(pet_name, animal_type='dog'):
    """显示宠物的信息"""
    print("\nI have a " + animal_type + ".")
    print("My " + animal_type + "'s name is " + pet_name.title() + ".")
describe_pet(pet_name='willie')
```

　　这里修改了函数 describe_pet()的定义，在其中给形参 animal_type 指定了默认值'dog'。这样，在调用这个函数时，如果没有给 animal_type 指定值，则 Python 会将这个形参设置为'dog'。以上代码的输出为

```
I have a dog.
```

My dog's name is Willie.

应注意，在这个函数的定义中，修改了形参的排列顺序。由于给 animal_type 指定了默认值，无需通过实参来指定动物类型，因此在函数调用中只包含一个实参——宠物的名字。然而，Python 依然将这个实参视为位置实参，因此如果函数调用中只包含宠物的名字，这个实参将关联到函数定义中的第一个形参。这就是需要将 pet_name 放在形参列表开头的原因。现在，使用这个函数的最简单的方式是在函数调用中只提供小狗的名字，即：

describe_pet('willie')

如果要描述的动物不是小狗，可使用类似于下面的函数调用：

describe_pet(pet_name='Harry', animal_type='hamster')

由于显式地给 animal_type 提供了实参，因此 Python 将忽略这个形参的默认值。

基于这种定义，在任何情况下都必须给 pet_name 提供实参；指定该实参时可以使用位置方式，也可以使用关键字方式。如果要描述的动物不是小狗，还必须在函数调用中给 animal_type 提供实参；同样，指定该实参时可以使用位置方式，也可以使用关键字方式。

下面的代码对这个函数的所有调用都可行：

```
#一条名为 Willie 的小狗
describe_pet('willie')
describe_pet(pet_name='willie')
#一只名为 Harry 的仓鼠
describe_pet('harry', 'hamster')
describe_pet(pet_name='harry', animal_type='hamster')
describe_pet(animal_type='hamster', pet_name='harry')
```

这些函数调用的输出与前面示例的输出相同。

7.2.3 返回值

函数不只是用于显示输出，它还可以处理一些数据，并返回一个值或一组值。函数返回的值被称为返回值。在函数中，可使用 return 语句将值返回到调用函数的代码行。返回值使得大部分繁重工作可以移到函数中去完成，从而简化主程序。

【案例 7-2】 编写函数，接受名和姓，并返回完整的姓名。

分析：这个函数接收两个参数，即名和姓。它将姓和名合二为一，在它们之间加上一个空格并将结果返回给调用者。

代码如下：

```
def get_formatted_name(first_name, last_name):
    """返回完整的姓名"""
    full_name = first_name + ' ' + last_name
    return full_name.title()
musician = get_formatted_name('jimi', 'hendrix')
```

```
print(musician)
```

在以上代码中，函数 get_formatted_name()的定义通过形参接受名和姓，并将姓名组合后的结果存储在变量 full_name 中。然后，将 full_name 的值转换为首字母大写格式，并将结果返回到函数调用行。调用带返回值的函数时，需要提供一个变量，用于存储返回的值。这里将返回值存储在了变量 musician 中。输出为完整的姓名：

```
Jimi Hendrix
```

外国人的姓名可以分为三部分，即 first_name、middle_name、last_name，last_name 一般是姓，名字可以由 first_name 和 middle_name 两部分组成。因此，可以将案例 7-2 进一步扩展，具体如下。

【案例 7-3】 编写函数，接受 first_name、middle_name、last_name，并返回完整的姓名。

分析：有时需要让实参变成可选的，这样函数使用者就只需在必要时才提供额外的信息。可使用默认值来使实参变成可选的。假设要扩展函数 get_formatted_name()，使其还处理中间名，则可修改如下：

```
def get_formatted_name(first_name, middle_name, last_name):
    """返回完整的姓名"""
    full_name = first_name + ' ' + middle_name + ' ' + last_name
    return full_name.title()
musician = get_formatted_name('john', 'lee', 'hooker')
print(musician)
```

再对该函数进行优化，目前只要同时提供名、中间名和姓，函数就能正确地运行。它根据这三部分创建一个字符串，在适当的地方加上空格，并将结果转换为首字母大写格式。然而，并非所有的人都有中间名，但在调用时如果只提供了名和姓，该函数将不能正确地运行。为让中间名变成可选的，可给形参 middle_name 指定一个默认值——空字符串，并在用户没有提供中间名时不使用这个形参。因此，函数 get_formatted_name()可修改如下：

```
def get_formatted_name(first_name, last_name, middle_name=''):
    """返回完整的姓名"""
    if middle_name:
        full_name = first_name + ' ' + middle_name + ' ' + last_name
    else:
        full_name = first_name + ' ' + last_name
    return full_name.title()
musician = get_formatted_name('jimi', 'hendrix')
print(musician)
musician = get_formatted_name('john', 'hooker', 'lee')
print(musician)
```

在以上示例中，姓名是根据三个可能提供的部分创建的。由于人都有名和姓，因此在函数定义中首先列出了这两个形参。中间名是可选的，因此在函数定义中最后列出该形参，并将其默认值设置为空字符串。在函数体中，我们检查是否提供了中间名。Python 将非空字符串解读为 True，因此如果函数调用中提供了中间名，if middle_name 将为 True，则将名、中间名和姓合并为姓名，然后将其修改为首字母大写格式，并返回到函数调用行。在函数调用行，将返回的值存储在变量 musician 中，然后将这个变量的值打印出来。如果没有提供中间名，middle_name 将为空字符串，if 测试未通过，进而执行 else 代码块(即只使用名和姓来生成姓名)，并将设置好格式的姓名返回给函数调用行。返回的值仍存储在变量 musician 中，并打印出来。调用这个函数时，如果只指定名和姓，调用起来将非常简单；如果还要指定中间名，就必须确保它是最后一个实参，这样 Python 才能正确地将位置实参关联到形参。

函数可以返回任何类型的值，包括列表和字典等较复杂的数据结构。例如，下面的函数接受姓名的组成部分，并返回一个表示人的字典：

```python
def build_person(first_name, last_name):
    """返回一个字典，其中包含有关一个人的信息"""
    person = {'first': first_name, 'last': last_name}
    return person
musician = build_person('jimi', 'hendrix')
print(musician)
```

函数 build_person()接受名和姓，并将这些值封装到字典中；存储 first_name 的值时，使用的键为'first'，而存储 last_name 的值时，使用的键为'last'；最后，返回表示人的整个字典。打印返回的值，此时原来的两项文本信息存储在一个字典中：

```
{'first': 'jimi', 'last': 'hendrix'}
```

7.2.4 传递可变数量的实参

7.2.2 节介绍了各种实参的传递方式，但是我们经常有些需求，对参数的个数要求是可变的，即并不能确定有几个参数。对于这种需求，就需要在传递参数时做一些特殊的处理，例如将列表传递给函数后，函数就可对其进行修改。在函数中对这个列表所做的任何修改都是永久性的，从而可以更高效地处理大量的数据。

【案例 7-4】 一家为用户提交的设计制作 3D 打印模型的公司，将需要打印的设计存储在一个列表中，打印后移到另一个列表中。

分析：传统的编程方式可以不使用函数实现这一需求。

具体代码如下：

```python
#首先创建一个列表，其中包含一些要打印的设计
unprinted_designs = ['iphone case', 'robot pendant', 'dodecahedron']
completed_models = []
#模拟打印每个设计，直到没有未打印的设计为止
#打印每个设计后，都将其移到列表 completed_models 中
```

```
while unprinted_designs:
    current_design = unprinted_designs.pop()
    #模拟根据设计制作 3D 打印模型的过程
    print("Printing model: " + current_design)
    completed_models.append(current_design)
#显示打印好的所有模型
print("\nThe following models have been printed:")
for completed_model in completed_models:
    print(completed_model)
```

　　这个程序首先创建一个需要打印的设计列表，还创建一个名为 completed_models 的空列表，每个设计打印都将移到这个列表中。只要列表 unprinted_designs 中还有设计，while 循环就模拟打印设计的过程：从该列表末尾删除一个设计，将其存储到变量 current_design 中，并显示一条消息，指出正在打印当前的设计，再将该设计加入到列表 completed_models 中。循环结束后，显示已打印的所有设计：

```
Printing model: dodecahedron
Printing model: robot pendant
Printing model: iphone case
The following models have been printed:
dodecahedron
robot pendant
iphone case
```

　　为重新组织这些代码，可编写两个函数，每个函数都做一件具体的工作。大部分代码都与原来的相同，只是效率更高。第一个函数将负责处理打印设计的工作，而第二个将概述打印了哪些设计：

```
def print_models(unprinted_designs, completed_models):
    """
    模拟打印每个设计，直到没有未打印的设计为止
    打印每个设计后，都将其移到列表 completed_models 中
    """
    while unprinted_designs:
        current_design = unprinted_designs.pop()
        #模拟根据设计制作 3D 打印模型的过程
        print("Printing model: " + current_design)
        completed_models.append(current_design)
def show_completed_models(completed_models):
    """显示打印好的所有模型"""
    print("\nThe following models have been printed:")
```

```
    for completed_model in completed_models:
        print(completed_model)
unprinted_designs = ['iphone case', 'robot pendant', 'dodecahedron']
completed_models = []
print_models(unprinted_designs, completed_models)
show_completed_models(completed_models)
```

以上代码定义了函数 print_models()，它包含两个形参：一个需要打印的设计列表和一个打印好的模型列表。给定这两个列表，该函数将模拟打印每个设计的过程：将设计逐个地从未打印的设计列表中取出，并加入到打印好的模型列表中。此外，以上代码还定义了函数 show_completed_models()，它包含一个形参：打印好的模型列表。给定这个列表，函数 show_completed_models()将显示打印出来的每个模型的名称。重新组织的程序的输出与未使用函数的程序的输出相同，但组织更为有序，因完成大部分工作的代码都移到了函数 print_models()和 show_completed_models()中，使主程序更容易理解。从以下主程序可以看出其功能更加清晰、明了：

```
unprinted_designs = ['iphone case', 'robot pendant', 'dodecahedron']
completed_models = []
print_models(unprinted_designs, completed_models)
show_completed_models(completed_models)
```

以上主程序创建了一个未打印的设计列表，还创建了一个空列表，用于存储打印好的模型。接下来，由于已经定义了两个函数，因此只需调用它们并传入正确的实参即可。调用 print_models()并向它传递两个列表，像预期的一样，print_models()模拟打印设计的过程；调用 show_completed_models()，并将打印好的模型列表传递给它，使其能够指出打印了哪些模型(描述性的函数名使代码更易于阅读，虽然其中没有任何注释)。相比于没有使用函数的版本，这个程序更容易扩展和维护。如果以后需要打印其他设计，只需再次调用 print_models()即可；如果需要对打印代码进行修改，只需修改这些代码，就能影响所有调用该函数的地方，与必须分别修改程序的多个地方相比，这种修改的效率更高。

这个程序还演示了这样一种理念，即每个函数都应只负责一项具体的工作。第一个函数打印每个设计，而第二个函数则显示打印好的模型，这优于使用一个函数来完成两项工作。编写函数时，如果其执行的任务太多，可尝试将这些代码划分到不同的函数中(一个函数可以调用另一个函数)，这有助于将复杂的任务划分成一系列的步骤。

【案例 7-5】 一个制作比萨的函数，它需要接受很多配料，但无法预先确定顾客要多少种配料，函数内打印所有的配料信息。

分析：生活中经常会遇到这种不确定性的问题，例如题目中的配料的个数，因此需要程序能够适应这些变化，可用 Python 提供的传入可变数量的参数的方式来编写代码。下面的函数只有一个形参*toppings，但不管调用语句提供了多少实参，这个形参都可以将它们统统收入囊中：

```
def make_pizza(*toppings):
```

```
    """打印顾客点的所有配料"""
    print(toppings)
make_pizza('pepperoni')
make_pizza('mushrooms', 'green peppers', 'extra cheese')
```

形参名*toppings 中的星号意为让 Python 创建一个名为 toppings 的空元组，并将收到的所有值都封装到这个元组中。函数体内的 print 语句通过输出来证明 Python 能够处理使用一个值调用函数的情形，也能处理使用三个值来调用函数的情形。它以类似的方式处理不同的调用(注意，Python 将实参封装到一个元组中，即便函数只收到一个值也如此)：

```
('pepperoni',)
('mushrooms', 'green peppers', 'extra cheese')
```

现在，可以将这条 print 语句替换为一个循环，对配料列表进行遍历，并对顾客点的比萨进行描述：

```
def make_pizza(*toppings):
    """概述要制作的比萨"""
    print("\nMaking a pizza with the following toppings:")
    for topping in toppings:
        print("- " + topping)


make_pizza('pepperoni')
make_pizza('mushrooms', 'green peppers', 'extra cheese')
```

不管收到的是一个值还是三个值，这个函数都能妥善地处理；不管函数收到的实参是多少个，这种语法都管用。

```
Making a pizza with the following toppings:
- pepperoni
Making a pizza with the following toppings:
- mushrooms
- green peppers
- extra cheese
```

7.3　将函数存储在模块中

函数的优点之一是，使用它们可将代码块与主程序分离。通过给函数指定描述性名称，可使主程序更容易理解。还可以将函数存储在被称为模块的独立文件中，再将模块导入到主程序中。import 语句允许在当前运行的程序文件中使用模块中的代码。

通过将函数存储在独立的文件中，可隐藏程序代码的细节，将重点放在程序的高层逻辑上，还可以重用函数。将函数存储在独立文件中后，可与其他程序员共享这些文件。此外，还可以导入函数从而使用其他程序员编写的函数库。导入模块的方法有多种，下面作以简要的介绍。

7.3.1　导入模块

要让函数是可导入的，得先创建模块。模块是扩展名为.py 的文件，包含要导入到程序中的代码。

【案例 7-6】　将案例 7-5 中制作比萨的函数放入模块，在新的程序中导入模块，并使用模块中的制作比萨的函数。

分析：首先要创建一个包含函数 make_pizza()的模块。为此，删除文件 pizza.py 中除函数 make_pizza()之外的其他代码，剩下函数主体部分如下：

```
pizza.py
def make_pizza(*toppings):
    """概述要制作的比萨"""
    print("\nMaking a pizza with the following toppings:")
    for topping in toppings:
        print("- " + topping)
```

接下来，在文件 pizza.py 所在的目录中创建另一个名为 making_pizzas.py 的文件，这个文件导入刚创建的模块，再调用 make_pizza()两次：

```
making_pizzas.py
import pizza
pizza.make_pizza(16, 'pepperoni')
pizza.make_pizza(12, 'mushrooms', 'green peppers', 'extra cheese')
```

Python 读取这个文件时，代码行 import pizza 用于打开文件 pizza.py，并将其中的所有函数都复制到这个程序中(读者看不到复制的代码，因为程序在运行时，Python 在幕后复制这些代码)。在文件 making_pizzas.py 中，可以使用 pizza.py 中定义的所有函数。要调用被导入的模块中的函数，可指定导入的模块的名称 pizza 和函数名 make_pizza()，并用句点分隔它们。这些代码的输出与没有导入模块的原始程序相同：

```
Making a 16-inch pizza with the following toppings:
- pepperoni
Making a 12-inch pizza with the following toppings:
- mushrooms
- green peppers
- extra cheese
```

这就是一种导入方法：只需编写一条 import 语句并在其中指定模块名，就可在程序中使用该模块中的所有函数。如果使用 import 语句导入了名为 module_name.py 的整个模块，就可使用下面的语法来使用其中任何一个函数：

```
import module_name
module_name.function_name()
```

还可以导入模块中的特定函数，这种导入方法的语法如下：

```
from module_name import function_name
```

通过用逗号分隔函数名，可根据需要从模块中导入任意数量的函数：

```
from module_name import function_0, function_1, function_2
```

对于前面的 making_pizzas.py 示例，如果只想导入要使用的函数，代码可类似于下面这样：

making_pizzas.py
```
from pizza import make_pizza

make_pizza(16, 'pepperoni')
make_pizza(12, 'mushrooms', 'green peppers', 'extra cheese')
```

若使用这种语法，调用函数时就无需使用句点。由于我们在 import 语句中显式地导入了函数 make_pizza()，因此调用它时只需指定其名称。

这里要注意在引用时不要加"py"，不能写成 import myModule.py，被引用的模块要放在与引用程序相同的目录下，或者放在 Python 能够找到的目录下。如果被引用的模块和当前模块不在同一目录，则需要增加目录名，例如：

```
from directories.module_name import function_name
```

7.3.2　使用 as 指定别名

如果要导入的函数的名称可能与程序中现有的名称冲突，或者函数的名称太长，则可指定简短而独一无二的别名——函数的另一个名称，类似于外号。要给函数指定这种特殊外号，需要在导入它时进行。

以下代码为函数 make_pizza()指定别名 mp()，是通过在 import 语句中使用 make_pizza as mp 实现的，关键字 as 将函数重命名为提供的别名：

```
from pizza import make_pizza as mp

mp(16, 'pepperoni')
mp(12, 'mushrooms', 'green peppers', 'extra cheese')
```

上面的 import 语句将函数 make_pizza()重命名为 mp()。在以上程序中，当需要调用 make_pizza()时，都可简写成 mp()，而 Python 将运行 make_pizza()中的代码，这可避免与这个程序可能包含的函数 make_pizza()混淆。指定别名的通用语法如下：

```
from module_name import function_name as fn
```

还可以给模块指定别名。通过给模块指定简短的别名(如给模块 pizza 指定别名 p)，可以更轻松地调用模块中的函数。相比于 pizza.make_pizza()，p.make_pizza()更为简洁：

```
import pizza as p
p.make_pizza(16, 'pepperoni')
p.make_pizza(12, 'mushrooms', 'green peppers', 'extra cheese')
```

上述 import 语句给模块 pizza 指定了别名 p，但该模块中所有函数的名称都没变。调用函数 make_pizza()时，可编写代码 p.make_pizza()而不是 pizza.make_pizza()，这样不仅能使代码更简洁，还可以使用户不再关注模块名，而专注于描述性的函数名。这些函数名明确地指出了函数的功能，对理解代码而言，它们比模块名更重要。给模块指定别名的通用语法如下：

```
import module_name as mn
```

7.4　全局变量和局部变量

读者可能已经注意到，有些变量在函数之外，而有些变量在函数内部。这些变量之间有什么关系，怎样在函数内使用外部的变量，下面将对这些知识做具体的介绍。

7.4.1　变量的作用域

对于函数而言，函数内的变量只是在函数运行时才会创建，在函数运行之前或者完成运行之后甚至根本不存在。Python 提供了内存管理，可以自动完成这个工作。Python 在函数运行时会创建新的变量在函数内使用，当函数完成时会把它们删除。注意：函数运行结束时，其中的所有变量都不再存在。函数运行时，函数之外的变量被搁置一边，函数内部的变量会被用到。所以程序中使用(或者可以使用)变量的部分称为这个变量的作用域。

7.4.2　局部变量

局部变量也称为内部变量。局部变量是在函数内作定义说明的，其作用域仅限于函数内，离开了函数后再使用这种变量是非法的。

【案例 7-7】　使用局部变量，编写一个求和函数。

分析：设计一个函数传入参数 m，函数对 $1 + 2 + 3 + \cdots + m$ 求和。

具体代码如下：

```
def sum(m):
    s = 0
    #计算 1 + 2 + 3 + … +m 的和
    for p in range(m + 1):
        s = s + p
    return s
m = 10
s = sum(m)
```

```
print(s)
```

　　函数 sum()中的变量 m、p、s 都是局部变量。注意，函数中定义的变量只能在本函数中使用，不能在其他函数中使用，同时一个函数中也不能使用其他函数中定义的变量，各个函数之间是平行的关系，每个函数都封装了自己的区域，互不干扰。形参变量是属于被调用函数的局部变量，而实参变量是属于调用函数的局部变量。允许在不同的函数中使用相同的变量名，但是它们代表的是不同的对象，分配不同的存储单元，不会发生混淆。在本例中，函数 sum()的变量 m、s 和主程序的变量 m、s 同名，但它们是不同的变量。

7.4.3　全局变量

　　如果一个函数内部要用到主程序的变量，可以在该函数内部声明这个变量为 global 类型，这样函数内部使用的这个变量就是主程序的变量，当在函数内部改变了全局变量的值时，会直接影响主程序中的变量的值。例如下面这个例子：

```
def A(x):
    global y
    y = 0
    x = 0
def B(x):
    global y
    y = 10
    x = 0
x = 1
y = 2
A(x)
B(x)
print(x, y)
```

　　在函数 A、B 中都使用了 global y，声明 A、B 中使用的 y 不是本地的变量 y，而是主程序的变量 y，所以执行结果为 1 10。

　　这里要注意，全局变量的作用域是整个程序，它在程序开始时就存在，任何函数都可以访问它，而且所有函数访问的同名称的全局变量是一个变量，且全局变量只有在程序结束时才被销毁；而局部变量是函数内部范围内的变量，当执行此函数时才有效，退出函数后局部变量就被销毁。不同函数之间的局部变量是不同的，即使同名也互不相干。

　　局部变量有局部性，这使得函数有独立性；函数与外界的接口只有函数参数与它的返回值，这使得程序的模块化更突出，更有利于开发大型程序。

　　全局变量具有全局性，是实现函数之间数据交换的公共途径，但大量的使用全局变量会破坏函数的独立性，导致程序的模块化程度下降。因此，要尽量减少使用全局变量，多使用局部变量，函数之间应尽量保持独立性，建议在函数之间只通过接口参数来传递数据。

7.5 制作 2048 游戏

《2048》是一款热门的数字益智游戏，最早于 2014 年 3 月 20 日发行。原版《2048》首先在 GitHub 网站上发布，后被移植到各个平台。这款游戏是基于《1024》和《小 3 传奇》的玩法开发而成的新型数字游戏，其规则简单、易操作，即玩家要想办法不断地叠加最终拼凑出 2048 这个数字就算成功。

7.5.1 预备知识

该游戏的画面很简单，如图 7-2 所示，界面包含 16 个方格，当方格出现数字之后即可开始游戏。可以看出，游戏的整体格调比较简单。

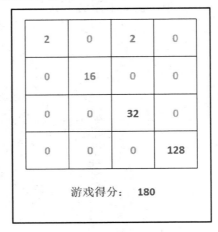

图 7-2　游戏界面

游戏的规则也非常简单，一开始方格内会出现 2 或者 4 这两个数字，玩家只需要选择上下左右其中一个方向来移动出现的数字，所有的数字就会向滑动的方向靠拢，相同的数字相撞时会叠加靠拢，如图 7-3、图 7-4 所示。

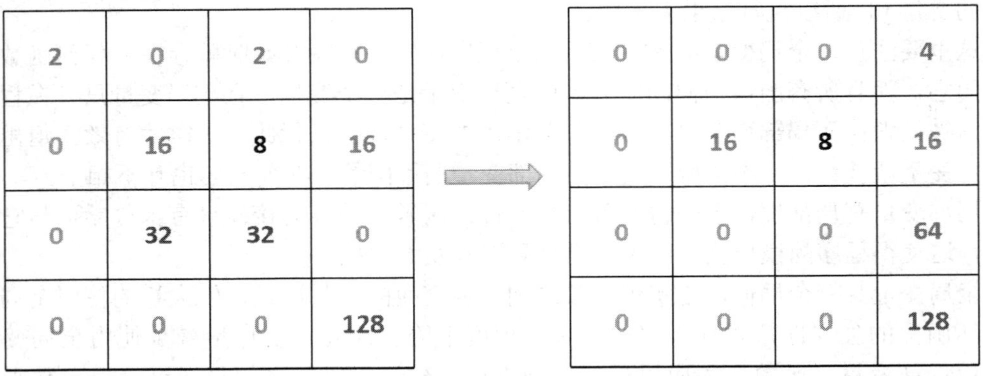

图 7-3　右移变化

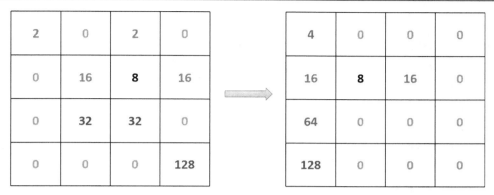

图 7-4　左移变化

滑出的空白方块会随机出现一个数字，如图 7-5 所示。然后一直这样，不断地叠加，最终拼凑出数字 2048 就算成功。

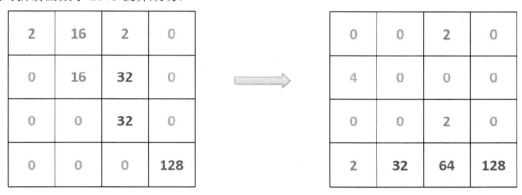

图 7-5　下移的同时随机产生 2 和 4

7.5.2　任务要求

任务要求如下：

(1) 界面绘制：生成 2048 的游戏界面；

(2) 按键控制：4 个按键是方向键，分别代表上下左右；

(3) 游戏控制：游戏不间断运行，当触发按键时计算相应的值并控制界面变化，统计新的总分数，当达成胜利条件或失败条件时结束游戏；

(4) 胜利条件：当出现数字 2048 时游戏胜利并结束；

(5) 失败条件：棋盘填满数字时，无法再进行变换，也就是变换之后的矩阵和变换前的相同，则游戏结束；

7.5.3　任务实施

1. 网格类

构造 Grid 类，主要功能是绘制背景及网格、得分情况信息，并提供在网格中绘制数字的方法，以及更新网格下方得分的方法。代码如下：

```
class Grid(object):
    def __init__(self, master=None, x=10, y=10, w=222, h=222):
        self.x = x
        self.y = y
        self.w = w
        self.h = h
        self.width = w     //35 - 1
        self.height = h    //55 - 1
        self.bg = 0x000000
        print(self.width, self.height)
        #画背景
        for i in range(320):
            screen.drawline(0, i, 239, i, 1, self.bg);
        self.initial()
```

在构造函数__init__()中，调用了函数 screen.drawline 来画直线，通过循环画出最外层的边框。

initial 主要实现内部的棋盘绘制，它通过双重循环画出网格状棋盘。代码如下：

```
def initial(self):
    for i in range(0, 4):
        for j in range(0, 4):
            x = i * 55 + self.x + 1
            y = j * 55 + self.y + 1
            #画边界
            screen.drawline(x, y, x+55-1, y, 1, 0xFFFFFF);
            screen.drawline(x+55-1, y, x+55-1, y+55, 1, 0xFFFFFF);
            screen.drawline(x, y+55, x+55-1, y+55, 1, 0xFFFFFF);
            screen.drawline(x, y, x, y+55, 1, 0xFFFFFF);
```

draw 方法是将 pos 列表中的两个值转换成实际屏幕坐标，再在这个坐标上显示传入的数字 num，数字长度不一时，该方法会根据数字长度对实际坐标位置进行修正。代码如下：

```
def draw(self, pos, color, num):
    x = pos[0] * 55 + self.x
    y = pos[1] * 55 + self.y
    text.draw("", x+3, y+19, color, 0x000000)
    if num < 16:
        text.draw(str(num), x+19, y+19, color, 0x000000)
    elif num < 128:
        text.draw(str(num), x+11, y+19, color, 0x000000)
```

```
        elif num < 1024:
            text.draw(str(num), x+3, y+19, color, 0x000000)
        elif num == 1024:
            text.draw("1K", x+11, y+19, color, 0x000000)
        else:
            text.draw("2K", x+11, y+19, color, 0x000000)
```

printscore 方法主要是将当前成绩 score 显示在屏幕网格下方。代码如下：

```
def printscore(self, msg, score):
    print(msg + str(score))
    text.draw(msg + str(score), 20, 250, 0xFF0000, 0x000000)
```

2. 矩阵类

矩阵类 Matrix 是游戏的主要实现类。实际网格中的数字可以看做一个 4×4 的矩阵，对网格的上下左右的移动就是对矩阵进行操作，矩阵根据算法产生变化，在矩阵变化的同时要计算网格中应显示的数字，再将数字显示到网格中，这样就完成了游戏的互动操作。代码如下：

```
class Matrix(object):
    def __init__(self, grid):
        self.grid = grid
        self.matrix = [[0 for i in range(4)] for i in range(4)]
        self.matrix_o = [[0 for i in range(4)] for i in range(4)]
        self.vacancy = []
        self.gamewin = False
        #使用一个字典将数字与其对应的颜色存放起来
        self.color ={
            0       : 0xFFFFFF,
            2       : 0x000099,
            4       : 0x009900,
            8       : 0x990000,
            16      : 0x999900,
            32      : 0x990099,
            64      : 0x00FFFF,
            128     : 0x0000FF,
            256     : 0x00FF00,
            512     : 0xFF0000,
            1024: 0xFFFF00,
            2048: 0xFF00FF
        }
```

　　__init__ 函数主要进行初始化操作，用于初始化矩阵、字体颜色、0 值的列表、胜利标志等参数。

　　void 方法主要是双重循环遍历矩阵，当发现值为 0 的点时将坐标添加到 vacancy 列表中。代码如下：

```python
def void(self):
        self.vacancy = []
        for x in range(0, 4):
            for y in range(0, 4):
                if self.matrix[x][y] == 0:
                    self.vacancy.append((x, y))
        return len(self.vacancy)
```

　　generate 方法用于在 vacancy 列表中取随机的点，并根据随机数的值来判断生成的是 2 还是 4，同时在 vacancy 列表删除新生成的点的坐标。代码如下：

```python
def generate(self):
        pos = choice(self.vacancy)
        if randint(0, 5) == 4:
            self.matrix[pos[0]][pos[1]] = 4
        else:
            self.matrix[pos[0]][pos[1]] = 2
        del self.vacancy[self.vacancy.index((pos[0], pos[1]))]
```

　　draw 方法就是遍历矩阵，通过调用 grid 类的 draw 方法将矩阵中的数据显示到网格中。代码如下：

```python
def draw(self):
        for i in range (0, 4):
            for j in range (0, 4):
                pos = (i, j)
                num = self.matrix[i][j]
                color = self.color[int(self.matrix[i][j])]
                self.grid.draw(pos, color, num)
```

　　initial 方法综合调用前面定义的各种方法、初始化矩阵、收集 0 值列表、产生两个随机的 2 或者 4 放入 0 值位置上、调用 draw 在网格中显示矩阵，并将当前矩阵记录在原始矩阵 matrix_o 中。代码如下：

```python
def initial(self):
        self.matrix = [[0 for i in range(4)] for i in range(4)]
        self.void()
        self.generate()
        self.generate()
```

```
self.draw()
self.gamewin = False
for i in range(0, 4):
    for j in range(0, 4):
        self.matrix_o[i][j] = self.matrix[i][j]
```

up 函数实现单击向上按钮之后的矩阵变换。首先循环遍历所有的点，s 为判断标志，用来跳出循环。当发现某个位置的值不为 0 时，循环遍历这列当前点之下的所有位置；当发现临近的点的值和当前点的值相等时，当前值翻倍；当到达 2048 时，结束游戏。然后重新调整矩阵，将矩阵上移，并将值为 0 的点删除，在底部用 0 补全，如图 7-6 所示。

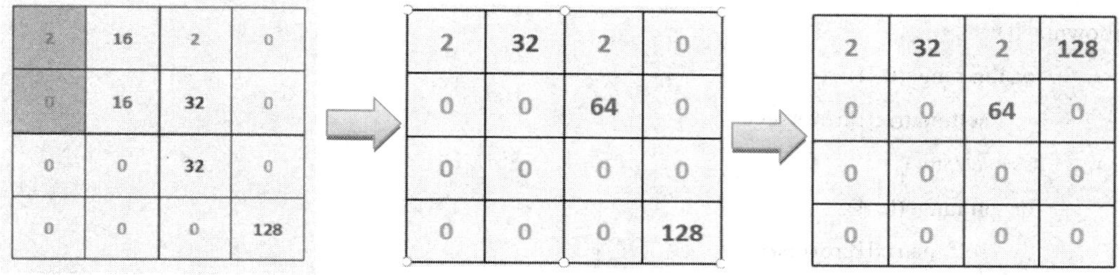

图 7-6　上移矩阵变化

up 函数的代码如下：

```
def up(self):
    ss = 0
    for i in range(0, 4):
        for j in range(0, 3):
            s = 0
            if not self.matrix[i][j] == 0:
                for k in range(j + 1, 4):
                    if not self.matrix[i][k] == 0:
                        if self.matrix[i][j] == self.matrix[i][k]:
                            ss = ss + self.matrix[i][k]
                            self.matrix[i][j] = self.matrix[i][j] * 2
                            if self.matrix[i][j] == 2048:
                                self.gamewin = True
                            self.matrix[i][k] = 0
                            s = 1
                            break
                        else:
                            break
                if s == 1:
                    break
```

```
        for i in range(0, 4):
            s = 0
            for j in range(0, 3):
                if self.matrix[i][j - s] == 0:
                    self.matrix[i].pop(j - s)
                    self.matrix[i].append(0)
                    s = s + 1
        return ss
```

下移过程将矩阵颠倒，然后调用上移方法，完成后再颠倒过来。代码如下：

```
def down(self):
    for i in range(0, 4):
        self.matrix[i].reverse()
    ss = self.up()
    for i in range(0, 4):
        self.matrix[i].reverse()
    return ss
```

矩阵左移和右移方式和上移相似，这里不再具体描述。代码如下：

```
def left(self):
    ss = 0
    for i in range(0, 4):
        for j in range(0, 3):
            s = 0
            if not self.matrix[j][i] == 0:
                for k in range(j + 1, 4):
                    if not self.matrix[k][i] == 0:
                        if self.matrix[j][i] == self.matrix[k][i]:
                            ss = ss + self.matrix[k][i]
                            self.matrix[j][i] = self.matrix[j][i] * 2
                            if self.matrix[j][i] == 2048:
                                self.gamewin = True
                            self.matrix[k][i] = 0
                            s = 1
                            break
                        else:
                            break
            if s == 1:
                break
```

```
    for i in range(0, 4):
        s = 0
        for j in range(0, 3):
            if self.matrix[j - s][i] == 0:
                for k in range(j - s, 3):
                    self.matrix[k][i] = self.matrix[k + 1][i]
                self.matrix[3][i] = 0
                s = s + 1
    return ss
def right(self):
    ss = 0
    for i in range(0, 4):
        for j in range(0, 3):
            s = 0
            if not self.matrix[3-j][i] == 0:
                k = 3-j-1
                while k >= 0:
                    if not self.matrix[k][i] == 0:
                        if self.matrix[3-j][i] == self.matrix[k][i]:
                            ss = ss +   self.matrix[k][i]
                            self.matrix[3-j][i] = self.matrix[3-j][i] * 2
                            if self.matrix[3-j][i] == 2048:
                                self.gamewin = True
                            self.matrix[k][i] = 0
                            s = s+1
                            break
                        else:
                            break
                    k = k -1
            if s == 1:
                break
    for i in range(0, 4):
        s = 0
        for j in range(0, 3):
            if self.matrix[3 - j + s][i] == 0:
                k = 3 - j + s
                while k > 0:
                    self.matrix[k][i] = self.matrix[k - 1][i]
```

```
                        k = k - 1
                    self.matrix[0][i] = 0
                        s = s + 1
        return ss
```

3. 游戏类

游戏类主要是负责按键控制的对应操作，同时聚合了上面两个类。代码如下：

```
class Game():
    def __init__(self):
        self.grid = Grid()
        self.matrix = Matrix(self.grid)
        self.status = ['run', 'stop']
        #界面左侧显示分数
        self.initial()
```

__init__初始化当前状态，并聚合网格类和矩阵类。

initial 用于初始化成绩并显示，同时初始化矩阵。代码如下：

```
def initial(self):
    self.score = 0
    self.grid.printscore("成绩为： ", self.score)
    self.matrix.initial()
```

key_realse 用于控制不同的按键对应调用矩阵类的不同的变换。

```
def key_release(self, key):
        keymatch=["Down", "Left", "Up", "Right"]
        if keymatch[key] == "Up":
            ss = self.matrix.up()
            self.run(ss)
        elif keymatch[key] == "Down":
            ss = self.matrix.down()
            self.run(ss)
        elif keymatch[key] == "Left":
            ss = self.matrix.left()
            self.run(ss)
        elif keymatch[key] == "Right":
            ss = self.matrix.right()
            self.run(ss)
```

Run 方法首先判判断变换前后是否相同，相同则游戏失败；不同，则判断是否已经生成 2048 达成胜利条件，如果没有则继续生成随机的 2 或 4，并记录当前的矩阵到 matrix_o

中。代码如下：

```
def run(self, ss):
    if not self.matrix.matrix == self.matrix.matrix_o:
        self.score = self.score + int(ss)
        self.grid.printscore("成绩为：", self.score)
        if self.matrix.gamewin == True:
            self.matrix.draw()
            self.grid.printscore("恭喜获胜，成绩为：", self.score)
            if message == 'ok':
                self.initial()
        else:
            self.matrix.void()
            self.matrix.generate()
            for i in range(0, 4):
                for j in range(0, 4):
                    self.matrix.matrix_o[i][j] = self.matrix.matrix[i][j]
            self.matrix.draw()
    else:
        v = self.matrix.void()
        if v < 1:
            self.grid.printscore("你输了，成绩为：", self.score)
```

4. 主循环

主循环是游戏的入口，在游戏开始后不断循环监听按键输入，并调用游戏类的按键处理方法。代码如下：

```
if __name__ == '__main__':
    game = Game()
    while True:
        gc.collect()
        i = 0
        j = -1
        for k in keys:
            if k.value() == 0:
                if i != j:
                    print("i=", i)
                    print("j=", j)
                    j = i
                    game.key_release(i)
            i = i+ 1
```

```
    if i > 3:
        i = 0
time.sleep_ms(125)
```

本 章 小 结

本章主要介绍了 Python 语言中的函数，如何传递实参，函数能够完成其工作所需的信息，如何使用实参和形参，如何接受任意数量的实参，输出函数的返回值，如何将函数放入模块，以及全局变量和局部变量的区别。本章最后通过制作 2048 游戏，使读者了解函数及变量在游戏中的具体使用。

函数是一种经常使用的编程方法。它使代码的重复利用率得以提高，使编程更有效率、程序更加模块化，便于后期的维护和升级。

习 题

1. 编写一个名为 collatz()的函数，其参数名为 number。

如果 number 是偶数，则 collatz()打印出 number//2；

如果 number 是奇数，则 collatz()打印出 $3 \times number+1$。

2. 编写一个函数 cacluate，该函数可以接收任意多个数，并返回一个元组。元组的第一个值为所有参数的平均值，第二个值是大于平均值的所有数。

3. 编写函数：接收一个列表(包含 10 个整型数)和一个整型数 k，并返回一个新列表。

函数需求：将列表下标 k 之前对应(不包含 k)的元素逆序；将下标 k 及之后的元素逆序。

4. 模拟轮盘抽奖游戏。轮盘分为三部分：一等奖、二等奖和三等奖。轮盘是随机转的：

如果范围在[0, 0.08)之间，则代表一等奖。

如果范围在[0.08, 0.3)之间，则代表二等奖。

如果范围在[0.3, 1.0)之间，则代表三等奖。

模拟 1000 人参加本次活动，并输出游戏时需要准备各等级奖品的个数。

第 8 章

开发俄罗斯方块游戏

8.1　面向对象的思想

我们以前学习的编程方式都是面向过程的，这种方式是为了解决问题而编程，很少考虑程序的可扩展性、可维护性、可复用性，一旦需求发生变化就需要修改代码，因此程序没有适应变化的能力。本章将介绍一种流行的编程思想——面向对象的编程，简称 OOP。它和面向过程的编程思路差别很大，需要仔细体会其中的理念，反复练习并使用这种思想去解决各种问题。在应对不断变化的需求的过程中，面向对象编程为我们提供了良好的解决思路，它的继承、封装、多态三大武器使程序变得更灵活、更健壮，并且通过类的使用使编程更接近现实世界处理问题的思路。

8.1.1　面向过程与面向对象

在面向对象思想出现之前，一般的编程思路都是面向过程的。以下为面向过程编程思路：

(1) 把完成某一个需求的所有步骤从头到尾逐步实现。

(2) 根据开发需求，将某些功能独立的代码封装成一个又一个函数。

(3) 最后，顺序地调用不同的函数。

如图 8-1 所示，面向过程的程序开发过程注重步骤和过程，会将问题划分成多个模块，再逐步细化。对于简单的问题，这种编程思路可以很好地解决，但存在的问题是不注重职责的分工；如果需求复杂，代码会变得很复杂，并且代码的复用会变得很困难；如果开发复杂项目，就不会形成固定的套路，开发难度也会不断增大。

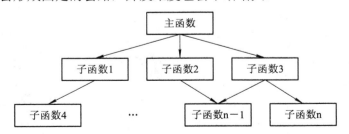

图 8-1　面向过程的函数调用执行的过程

而面向对象的编程思路相比于面向过程的，有以下几点不同：

(1) 在完成某一个需求前，首先确定职责——要做的事情(方法)。

(2) 根据职责确定不同的对象，在对象内部封装不同的方法(多个)。

(3) 最后完成的代码，就是顺序地使不同的对象调用不同的方法。

与面向过程相比，面向对象是更大的封装，它根据职责在一个对象中封装多个方法，并注重对象和职责，不同的对象承担不同的职责。因此，这种编程方式更加适合应对复杂的需求变化，可专门应对复杂项目开发，并提供固定套路。图 8-2 所示为面向对象思想对游戏的抽象。

在编写这个游戏时，可以根据不同的职责确定出很多对象，如向日葵、豌豆射手、冰冻射手、各种僵尸等。每个对象负责不同的人物，每个对象有自己可以做的事情和自己的属性，这些都封装在对象内部，这样就可以将复杂的需求简单化，同时又增加了复用的可能，并且为类似的游戏提供了一个固定的解决套路。

图 8-2　面向对象思想对游戏的抽象

8.1.2　类和对象

学习面向对象的编程思想，绕不开两个概念——类和对象。类和对象是面向对象编程的核心概念。

类：一群具有相同特征或者行为的事物的一个统称，是抽象的，不能直接使用。类由两部分组成——特征和行为，也可以称作属性和方法。抽象的东西是不能使用的，所以通常会找到类的一个具体的存在，并使用这个具体的存在。

对象：由类创建出来的一个具体存在，可以直接使用。由哪一个类创建出来的对象，就拥有在哪一个类中定义的属性、方法。

如图 8-3 所示，类相当于制造飞机时的图纸，是一个模板，是负责创建对象的；对象就相当于用图纸制造的飞机。在程序开发中应该先有类，再有对象。

图 8-3　面向对象思想对战斗机的抽象

8.2   面向对象的基本语法

要想灵活运用面向对象的编程思想，就需要掌握面向对象的基本语法，其中包括类的定义、对象的使用方法、一些内置方法和属性的使用等。

8.2.1   类的定义

类(Class)由三部分构成：类的名称(类名)、类的属性(一组数据)、类的方法(行为)。例如，对人这个类可以这样设计：

事物名称(类名)：人(Person)。

属性：身高(height)、年龄(age)。

方法(行为/功能)：跑(run)、打架(fight)。

对狗类的设计可以是这样：

类名：狗(Dog)。

属性：品种、毛色、性别、名字、腿的数量。

方法(行为/功能)：叫、跑、咬人、吃、摇尾巴。

程序中定义一个类的格式如下：

```
class 类名:
    def 方法 1(self, 参数列表):
        pass
    def 方法 2(self, 参数列表):
        pass
```

例如，定义一个 Car 类：

```
class Car:
    #方法
    def getCarInfo(self):
        print('车轮子个数:%d, 颜色%s'%(self.wheelNum, self.color))
    def move(self):
        print("车正在移动...")
```

方法的定义格式和函数的定义格式几乎一样，区别在于第一个参数是 self，可暂时先记住，稍后介绍。这里再对类名和方法名的命名方式做一下介绍。一般类名是一个名词，将可以提炼一类事物的名称作为类名；方法名可以使动词表示某种操作。同时，类名的命名一般遵循大驼峰命名法。

8.2.2   创建对象

定义一个 Car 类就好比有一张车的图纸，接下来就应该把图纸交给生产工人去生产。在 Python 中，可以根据已经定义的类去创建出一个对象。创建对象的格式如下：

```
对象变量 = 类名()
```

例如刚才创建的 Car 类，可以创建 Car 类的对象：

```
BMW = Car()
```

【案例 8-1】 编写一个小猫类，小猫爱吃鱼，小猫可以喝水。

分析：定义一个猫类 Cat、两个方法 eat 和 drink，按照需求不需要定义属性。eat 和 drink 可以分别输出"小猫爱吃鱼""小猫在喝水"。

代码如下：

```
class Cat:
    """这是一个猫类"""
    def eat(self):
        print("小猫爱吃鱼")
    def drink(self):
        print("小猫在喝水")
tom = Cat()
tom.drink()
tom.eat()
```

上面的例子中用 Cat 类创建了一个对象 tom，tom 对象再调用喝水和吃饭的方法 drink() 和 eat()。Cat 类可以创建多个对象，而且这些对象都有相同的属性和方法，但是可能有不同的属性值和方法的实参。下面使用 Cat 类再创建一个对象。

```
lazy_cat = Cat()
lazy_cat.eat()
lazy_cat.drink()
```

在案例 8-1 中，我们创建了两只猫 tom 和 lazy_cat，每只猫都是一个独立的实例或者对象。它们有自己的属性，能够执行相同的操作，但是它们并不是同一个对象。

8.2.3 __init__方法和 self 参数

通过 8.2.2 小节的学习我们已经掌握了如何将类实例化成对象，但类里面只有方法没有属性，可以通过__init__方法在类里面创建属性行。其实，当使用类名()创建对象时，会自动执行以下操作：

(1) 为对象在内存中分配空间——创建对象。

(2) 为对象的属性设置初始值——初始化方法(init)。

这个初始化方法就是__init__方法。__init__是对象的内置方法，是专门用于定义一个类具有哪些属性的方法。其具体使用方式如下：

```
def 类名:
    #初始化函数，用来完成一些默认的设定
    def __init__(self):
```

```
        pass
```

例如，在 Cat 中增加 __init__ 方法，可以自行验证一下该方法在创建对象时是否会被自动调用：

```
class Cat:
    """这是一个猫类"""
    def __init__(self):
        print("初始化方法")
```

以下例子为在 __init__ 方法中设置属性。

【**案例 8-2**】编写一个猫类 cat，设置 name 属性为"Tom"；创建 eat 方法，打印"Tom 爱吃鱼"；实例化对象，并调用 eat 方法。

分析：需要为 cat 类设置 name 属性，并将 name 赋值为"Tom"；创建 eat 方法，通过 print 格式化输出 name 和"爱吃鱼"。

代码如下：

```
class Cat:
    def __init__(self):
        print("这是一个初始化方法")
        #定义用 Cat 类创建的猫对象都有一个 name 的属性
        self.name = "Tom"
    def eat(self):
        print("%s 爱吃鱼" % self.name)
#使用类名()创建对象的时候，会自动调用初始化方法 __init__
tom = Cat()
tom.eat()
```

以上代码实现了属性的定义，但存在一个问题：再创建一个对象其 name 仍为"Tom"。可以改造程序，将 name 通过参数传入进行赋值，代码如下：

```
class Cat:
    def __init__(self, name):
        print("初始化方法 %s" % name)
        self.name = name
    def eat(self):
        print("%s 爱吃鱼" % self.name)
tom = Cat("Tom")
tom.eat()
lazy_cat = Cat("大懒猫")
lazy_cat.eat()
```

如果希望在创建对象的同时就设置对象的属性，可以对 __init__ 方法进行改造，步骤如下：

(1) 把希望设置的属性值定义成__init__方法的参数。

(2) 在方法内部使用 self.属性=形参，用于接收外部传递的参数。

(3) 在创建对象时，使用类名(属性 1，属性 2，…)调用。

在调用__init__方法时会传入一个默认参数 self，self 表示的是对象的引用，由哪一个对象调用的方法，方法内的 self 就是哪一个对象的引用。在类封装的方法内部，self 表示当前调用方法的对象自己；调用方法时，程序员不需要传递 self 参数，在方法内部可以通过 self.访问对象的属性，也可以通过 self.调用其他的对象方法。在案例 8-2 中，两个对象都调用了 eat()方法，而 self 分别指向调用的对象，也就是调用方法的对象的引用，所以打印出的 self.name 分别是每个对象自己的属性值。

8.2.4　内置方法和属性

除了__init__方法，还有其他内置方法，比较常用的如下：

(1) __del__方法：在对象被从内存中销毁前，该方法会被自动调用。

(2) __str__方法：返回对象的描述信息，结合 print 函数输出使用。

在 Python 中，当使用类名()创建对象时，为对象分配完空间后，会自动调用__init__方法；当一个对象被从内存中销毁前，会自动调用__del__方法。__init__初始化方法可以让创建对象更加灵活，如果希望在对象被销毁前再做一些事情，可以考虑使用__del__方法。

这两个方法就像是一对前呼后应的方法，一个在对象出生时调用，一个在对象死亡时调用。对象类似一个有生命的生物，因此也可以说对象是有生命周期的，从调用类名()创建，生命周期开始，到调用__del__方法，生命周期结束。在对象的生命周期内，可以访问对象属性，或者让对象调用方法。例如，下面的代码可以体现对象的生命周期：

```python
class Cat:
    def __init__(self, new_name):
        self.name = new_name
        print("%s  来了" % self.name)
    def __del__(self):
        print("%s  去了" % self.name)
#tom 是一个全局变量
tom = Cat("Tom")
print(tom.name)
#del 关键字可以删除一个对象
del tom
print("-" * 50)
```

在 Python 中，使用 print 输出对象变量，默认情况下，会输出这个变量引用的对象是由哪一个类创建的，以及在内存中的地址(十六进制表示)。在开发中，如果希望使用 print 输出对象变量时，能够打印自定义的内容，就可以利用__str__方法。代码如下：

```python
class Cat:
    def __init__(self, new_name):
```

```
        self.name = new_name
        print("%s 来了" % self.name)
    def __del__(self):
        print("%s 去了" % self.name)
    def __str__(self):
        return "我是小猫：%s" % self.name
tom = Cat("Tom")
print(tom)
```

以上代码中，print(tom)会调用内置的__str__方法，只要定义了__str__(self)方法，就会打印从这个方法中返回的数据，也就是相当于 print("我是小猫：%s" % self.name)，输出"我是小猫：Tom"。

8.3　对象的封装

现在很多人的家里都有电视机，从开机、浏览节目、换台到关机，我们不需要知道电视机里面的具体细节，只需要在用的时候按下遥控器就可以完成操作，这就是功能的封装。

8.3.1　封装的概念

面向对象的思想是将所有的事物都看成对象，对象是一个整体，它会将一些属性和方法暴露出来，也会将一些属性和方法隐藏起来。这种具体对象的抽象是将某些部分隐藏起来，在程序外部看不到，其含义是其他程序无法调用，这就是封装。封装不是单纯意义的隐藏，封装数据的主要原因是保护隐私，封装方法的主要原因是隔离复杂度。

封装是面向对象编程的一大特点。面向对象编程的第一步——将属性和方法封装到一个抽象的类中，外界使用类创建对象，然后让对象调用方法，对象方法的细节都被封装在类的内部。

【案例 8-3】　爱跑步的人，具体需求如下：

(1) 小明体重 75.0 kg。

(2) 小明每次跑步会减肥 0.5 kg。

(3) 小明每次吃东西体重增加 1 kg。

用类和对象实现这个例子。

分析：创建一个 Person 类，有初始化方法、__str__方法、属性 name 和体重 weight；跑步和吃分别为两个方法，跑步方法将体重减 0.5 kg，吃的方法将体重增加 1 kg。

代码如下：

```
class Person:
    """人类"""
    def __init__(self, name, weight):
        self.name = name
```

```
        self.weight = weight
    def __str__(self):
        return "我的名字叫 %s 体重 %.2f 公斤" % (self.name, self.weight)
    def run(self):
"""跑步"""
        print("%s 爱跑步，跑步锻炼身体" % self.name)
        self.weight -= 0.5
    def eat(self):
"""吃东西"""
        print("%s 是吃货，吃完这顿再减肥" % self.name)
        self.weight += 1
xiaoming = Person("小明", 75)
xiaoming.run()
xiaoming.eat()
xiaoming.eat()
print(xiaoming)
```

从这个例子可以看出，将跑步和吃的实现封装成方法，外部只需要调用即可，具体是在类的内部实现体重的增减，而暴露给外部的只有这两个方法可供调用。

8.3.2　私有属性和方法

在实际开发中，对象的某些属性或方法可能只希望在对象的内部被使用，而不希望在外部被访问到，私有属性就是对象不希望公开的属性，私有方法就是对象不希望公开的方法。在定义属性或方法时，在属性名或者方法名前增加两个下划线，定义的就是私有属性或方法。例如下面这个例子：

```
class Women:
    def __init__(self, name):
        self.name = name
        #不要问女生的年龄
        self.__age = 18
    def __secret(self):
        print("我的年龄是 %d" % self.__age)
xiaofang = Women("小芳")
#私有属性，外部不能直接访问
#print(xiaofang.__age)
#私有方法，外部不能直接调用
```

上面的__age 就是私有属性，外部不能直接访问；__secret()就是私有方法，外部也不能直接调用。但是在类的内部是可以访问私有的属性和方法的。

8.3.3　类属性和类方法

前面讲到使用类名()创建对象，对象创建后，内存中就有了一个对象的实实在在的存在——实例。因此，通常也会把创建出来的对象叫做类的实例，创建对象的动作叫做实例化，对象的属性叫做实例属性，对象调用的方法叫做实例方法。

在程序执行时：对象各自拥有自己的实例属性，在调用对象方法时，方法内部可以通过 self.访问自己的属性，通过 self.调用自己的其他方法。每一个对象都有自己独立的内存空间，保存各自不同的属性；多个对象的方法在内存中只有一份，在调用方法时，需要把对象的引用传递到方法内部，如图 8-4 所示。

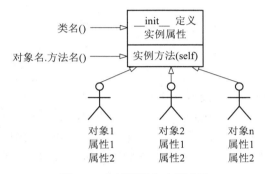

图 8-4　实例属性和实例方法

在 Python 中，一切都是对象，也就是说类也是一种特殊的对象，在程序运行时，类同样会被加载到内存。在 Python 中，类是一个特殊的对象——类对象。在程序运行时，类对象在内存中只有一份，使用一个类可以创建多个对象实例，除了封装实例的属性和方法外，类对象还可以拥有自己的属性和方法——类属性、类方法。通过类名.的方式可以访问类的属性或者调用类的方法。类属性是类对象定义的属性，通常用来记录与这个类相关的特征；类属性不会用于记录具体对象的特征，可以使用赋值语句在 class 关键字下方定义类属性。

【案例 8-4】 定义一个工具类，每件工具都有自己的 name，现统计使用这个类，创建了多少个工具对象。请编程实现。

分析：要统计一个类创建了多少对象，可以使用类属性。由于类属性是类对象的属性，所以可以用做计数。

代码如下：

```
class Tool(object):
    #使用赋值语句，定义类属性，记录创建工具对象的总数
    count = 0
    def __init__(self, name):
        self.name = name
        #针对类属性做一个计数+1
        Tool.count += 1
#创建工具对象
tool1 = Tool("斧头")
```

```
tool2 = Tool("榔头")
tool3 = Tool("铁锹")
#输出使用 Tool 类创建了多少个对象
print("现在创建了 %d 个工具" % Tool.count)
```

这里在类里面的 count = 0 就是声明了一个类属性 count 并初始化为 0，每个对象初始化时会调用 __init__ 方法，会对类属性 count 加一，从而实现了对象个数的统计。注意，以上代码的 name 是实例属性，而 count 是类属性。

类方法就是针对类对象定义的方法，在类方法内部可以直接访问类属性或者调用其他的类方法。类方法的声明方式如下：

```
@classmethod
def 类方法名(cls):
    pass
```

类方法需要用修饰器@classmethod 来标识，告诉解释器这是一个类方法；类方法的第一个参数是 cls，由哪一个类调用的方法，方法内的 cls 就是哪一个类的引用，这个参数和实例方法的第一个参数 self 类似，使用其他名称也可以，不过习惯使用 cls。通过类名.调用类方法，调用时不需要传递 cls 参数；在方法内部可以通过 cls.访问类的属性，也可以通过 cls.调用其他的类方法。

现修改案例 8-4，在类中封装一个 show_tool_count 方法，输出使用当前这个类创建的对象个数。代码如下：

```
@classmethod
def show_tool_count(cls):
    """显示工具对象的总数"""
    print("工具对象的总数 %d" % cls.count)
```

可以看到，在类方法内部，可以直接使用 cls 访问类属性或者调用类方法。

8.4　继承和多态

接下来介绍对象中最为重要的两个方面：继承和多态。这两个词很深奥，不过正是因为有这两个方面，才使得对象如此有用。

8.4.1　继承

编写类时，并非总是要从空白开始。如果所要编写的类是另一个现成类的特殊版本，则可使用继承。一个类继承另一个类时，它将自动获得另一个类的所有属性和方法；原有的类称为父类，而新类称为子类；子类继承了其父类的所有属性和方法，同时还可以定义自己的属性和方法；继承可实现代码的重用，相同的代码不需要重复编写。继承的语法如下：

```
class 类名(父类名):
    pass
```

子类继承自父类，可以直接享受父类中已经封装好的方法，不需要再次开发；子类中应该根据职责，封装子类特有的属性和方法。

在程序中，继承描述的是事物之间的所属关系，例如猫和狗都属于动物，程序中便可以描述为猫和狗继承自动物；同理，波斯猫和巴厘猫都继承自猫，而沙皮狗和斑点狗都继承自狗，如图 8-5 所示。

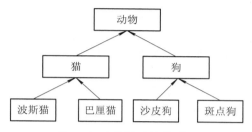

图 8-5　动物继承的关系图

以波斯猫继承自猫为例，代码实现如下：

```
#定义一个父类
class Cat(object):
    def __init__(self, name, color="白色"):
        self.name = name
        self.color = color
    def run(self):
        print("%s--在跑"%self.name)
#定义一个子类，继承 Cat 类
class Bosi(Cat):
    def setNewName(self, newName):
        self.name = newName
    def eat(self):
        print("%s--在吃"%self.name)
bs = Bosi("印度猫")
print('bs 的名字为:%s'%bs.name)
print('bs 的颜色为:%s'%bs.color)
bs.eat()
bs.setNewName('波斯')
bs.run()
```

可以发现，Bosi 类继承自 Cat 就拥有了 Cat 的属性 name 和 color，并且拥有了父类的 run 方法，子类又增加了一个 eat 方法，这样 Bosi 就拥有了 run 和 eat 方法，实例化对象 bs 之后就可以直接调用这两个方法。

继承也有传递性：C 类从 B 类继承，B 类又从 A 类继承，那么 C 类就具有 B 类和 A 类的所有属性和方法。

子类对象不能在自己的方法内部直接访问父类的私有属性或私有方法；子类对象可以通过父类的公有方法间接访问到私有属性或私有方法；私有属性、方法是对象的隐私，不对外公开，外界以及子类都不能直接访问；私有属性、方法通常用于做一些内部的事情。

子类可以同时继承自多个父类，这种继承叫多继承；子类可以拥有多个父类，并且具有所有父类的属性和方法。多继承的语法如下：

```
class 子类名(父类名 1, 父类名 2...)
    pass
```

多继承存在一个问题：如果不同的父类中存在同名的方法，子类对象在调用方法时，会调用哪一个父类中的方法呢？Python 提供了多种搜索方式，当找到适合的方法，就直接执行不再搜索；如果没有找到，则查找下一个类中是否有对应的方法；如果找到最后一个类，还没有找到方法，则程序报错。在开发时，应该尽量避免这种容易产生混淆的情况。如果父类之间存在同名的属性或者方法，应该尽量避免使用多继承。

8.4.2 方法重写

8.4.1 节中介绍了子类拥有父类的所有方法和属性，子类继承自父类，可以直接享受父类中已经封装好的方法，不需要再次开发。但是当父类的方法实现不能满足子类的需求时，子类可以重写父类的方法。重写父类的方法有两种情况：覆盖父类的方法，对父类方法进行扩展。

在开发中，如果父类的方法实现和子类的方法实现完全不同，可以使用覆盖的方式在子类中重新编写父类的方法实现，具体的实现方式就相当于在子类中定义了一个和父类同名的方法并且实现。重写之后，在运行时只会调用子类中重写的方法，而不再会调用父类封装的方法。例如波斯猫的例子，代码如下：

```
class Cat(object):
    def sayHello(self):
        print("halou-----1")
class Bosi(Cat):
    def sayHello(self):
        print("halou-----2")
bosi = Bosi()
bosi.sayHello()
```

子类重写了父类的 sayHello 方法，在调用时只会调用子类中重写的 sayHello 方法，而不会调用父类的 sayHello 方法。注意，重写的方法名和参数要和父类的一致。

在开发中，如果父类的方法满足一部分需求，也就是父类原本封装的方法实现可以作为子类方法的一部分，就可以使用扩展的方式在子类中重写父类的方法。在需要的位置使用父类方法，其他的位置针对子类的需求，编写子类特有的代码实现。例如以上例子修改如下：

```
class Cat(object):
    def sayHello(self):
        print("halou-----1")
class Bosi(Cat):
    def sayHello(self):
        super().sayHello()
        print("halou-----2")
bosi = Bosi()
bosi.sayHello()
```

这个例子中，子类重写父类方法时，采用扩展的方式，先调用父类的方法，再执行自己添加的部分；super 是一个特殊的类，super()就是使用 super 类创建出来的对象，最常使用的场景就是在重写父类方法时，调用在父类中封装的方法实现。

8.4.3　多态

多态是指不同的子类对象调用相同的父类方法，产生不同的执行结果，也就是定义时的类型和运行时的类型不一样。多态可以增加代码的灵活度；多态以继承和重写父类方法为前提，是调用方法的技巧，不会影响到类的内部设计；多态应用于 Java 和 C#等强类型语言中，而 Python 崇尚"鸭子类型"。"鸭子类型"可以这样表述："当看到一只鸟走起来像鸭子、游泳起来像鸭子、叫起来也像鸭子，那么这只鸟就可以被称为鸭子"，也就是说Python 关注的不是对象的类型本身，而是它是如何使用的。

【案例 8-5】　需求如下：

(1) 在 Dog 类中封装方法 game，表示狗能玩耍。

(2) 定义 XiaoTianDog 继承自 Dog，并且重写 game 方法，表示哮天犬需要在天上玩耍。

(3) 定义 MuYangDog 继承自 Dog，并且重写 game 方法，表示牧羊犬需要在草地上玩耍。

(4) 定义 Person 类，并且封装一个和狗玩的方法，在方法内部，直接让狗对象调用 game 方法。

分析：Person 类中只需要让狗对象调用 game 方法，而不需要关心具体是什么狗。game 方法是在 Dog 父类中定义的，在程序执行时，传入不同的狗对象实参，就会产生不同的执行效果。

代码如下：

```
class Dog(object):
    def __init__(self, name):
        self.name = name
    def game(self):
        print("%s 蹦蹦跳跳地玩耍..." % self.name)
class XiaoTianDog(Dog):
```

```
    def game(self):
        print("%s 飞到天上去玩耍..." % self.name)
class MuYangDog(Dog):
    def game(self):
        print("%s 在草地上玩耍..." % self.name)
class Person(object):
    def __init__(self, name):
        self.name = name
    def game_with_dog(self, dog):
        print("%s 和 %s 快乐地玩耍..." % (self.name, dog.name))
        #让狗玩耍
        dog.game()
#创建两个狗对象
wangcai = XiaoTianDog("飞天旺财")
xiaohua=MuYangDog("小花狗")
#创建一个小明对象
xiaoming = Person("小明")
#让小明调用和狗玩的方法
xiaoming.game_with_dog(wangcai)
xiaoming.game_with_dog(xiaohua)
```

8.5　俄罗斯方块游戏的开发

俄罗斯方块是一款休闲游戏，其规则很简单，通过移动、旋转和摆放游戏自动输出的各种方块，使之排列成完整的一行或多行并且消除得分。

8.5.1　预备知识

俄罗斯方块屏幕有两个区域，一个是游戏区域，一个是方块预览区域，如图 8-6 所示。游戏区域用于下落方块进行堆积，预览区域用于显示下一个要下落的方块类型。

将界面拆分成若干个网格，如图 8-7 所示，每个格的大小是 10×10。将预览窗口也同样拆分成网格，游戏就是控制在不同的时机渲染不同的网格。

消除机制：当某行没有空的方块时，会消除这行，同时对这行以上的所有行进行移动，即向下移动一行。

失败条件：当第 0 行不为空时，则游戏结束。

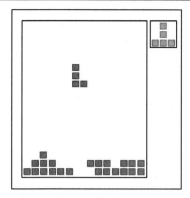

图 8-6　游戏界面

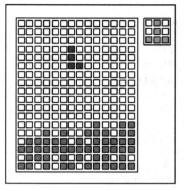

图 8-7　界面网格化

8.5.2　任务要求

任务要求如下：

(1) 界面绘制：生成游戏界面，如图 8-8 所示。

(2) 按键控制：4 个按键是方向键，分别代表上下左右。

(3) 游戏控制：游戏不间断运行，当触发按键时可以变换方块的角度，当满足消除条件时消除放满的行，当达成失败条件时结束游戏；

(4) 失败条件：当第 0 行不为空时，游戏结束。

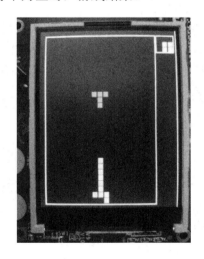

图 8-8　完成效果

8.5.3　任务实施

1. 初始化

用嵌套列表声明可用的方块的数据，对按键进行初始化。代码如下：

```
from machine import Pin
import time
```

```
from random import randint
import screen
import text
pins = [36,39,34,35]
keys = []
brick = [
    [
        [
            [1,1,1],
            [0,0,1],
            [0,0,0]
        ],
        [
            [0,0,1],
            [0,0,1],
            [0,1,1]
        ],
        [
            [0,0,0],
            [1,0,0],
            [1,1,1]
        ],
        [
            [1,1,0],
            [1,0,0],
            [1,0,0]
        ]
    ],
    [
        [
            [0,0,0],
            [0,1,1],
            [0,1,1]
        ],
        [
            [0,0,0],
            [0,1,1],
            [0,1,1]
```

```
        ],
        [
                [0,0,0],
                [0,1,1],
                [0,1,1]
        ],
        [
                [0,0,0],
                [0,1,1],
                [0,1,1]
        ]
],
[
        [
                [1,1,1],
                [0,1,0],
                [0,1,0]
        ],
        [
                [0,0,1],
                [1,1,1],
                [0,0,1]
        ],
        [
                [0,1,0],
                [0,1,0],
                [1,1,1]
        ],
        [
                [1,0,0],
                [1,1,1],
                [1,0,0]
        ]
],
[
        [
                [0,1,0],
                [0,1,0],
```

```
                [0,1,0]
        ],
        [
                [0,0,0],
                [1,1,1],
                [0,0,0]
        ],
        [
                [0,1,0],
                [0,1,0],
                [0,1,0]
        ],
        [
                [0,0,0],
                [1,1,1],
                [0,0,0]
        ]
    ]
]
for p in pins:
    keys.append(Pin(p,Pin.IN))
```

2. 网格类

构造 Grid 类，主要功能是绘制背景及绘制界面，并提供两个分别刷新游戏区域和预览区域的方法。代码如下：

```
class Grid(object):
    def __init__(self, master = None, x = 10, y = 10, w = 193, h = 303):
        self.x = x
        self.y = y
        self.w = w
        self.h = h
        self.rows = h//10
        self.cols = w//10
        self.bg = 0x000000;
        print(self.rows,self.cols)
        #画背景
        for i in range(320):
            screen.drawline(0, i, 239, i, 1, self.bg);
        #画边界
```

```
        screen.drawline(x, y, x+w-1, y, 1, 0xFFFFFF)
        screen.drawline(x+w-1, y, x+w-1, y+h, 1, 0xFFFFFF)
        screen.drawline(x, y+h, x+w-1, y+h, 1, 0xFFFFFF)
        screen.drawline(x, y, x, y+h, 1, 0xFFFFFF)
        #画预览框边界
        screen.drawline(204, 10, 204+32-1, 10, 1, 0xFFFFFF)
        screen.drawline(204+32-1, 10, 204+32-1, 10+32, 1, 0xFFFFFF)
        screen.drawline(204, 10+32, 204+32-1, 10+32, 1, 0xFFFFFF)
        screen.drawline(204, 10, 204, 10+32, 1, 0xFFFFFF)
```

在 __init__ 方法中，调用了 screen.drawline 函数来画直线，画出游戏区域的边框和预览区域的边框。

drawgrid 和 drawpre 提供了两个方法，用于渲染游戏区域和预览区域的网格。drawgrid 首先将网格坐标转换成实际坐标，然后再通过 screen.drawline 画网格。

```
def drawgrid(self, pos, color):
    x = pos[1] * 10 + self.x + 2
    y = pos[0] * 10 + self.y + 2
    for i in range(9):
        screen.drawline(x, y+i, x+9-1, y+i, 1, color)
def drawpre(self, pos, color):
    x = pos[1] * 10 + 204 + 2
    y = pos[0] * 10 + 10   + 2
    for i in range(9):
        screen.drawline(x, y+i, x+9-1, y+i, 1, color)
```

3. 游戏类

游戏类继承自 Grid 类，可以使用 Grid 类的渲染网格的方法，主要实现方块的绘制、方块的变换、边缘检测、行的消除、按键控制等主要方法。代码如下：

```
class Game(Grid):
    def __init__(self):
        super().__init__()
        self.back = [[0 for i in range(0, self.cols)] for i in range(0, self.rows)]
        self.curRow = -10
        self.curCol = -10
        self.start = True
        self.shape = -1
        self.isDown = True
        self.oldrow = 0
        self.oldcol = 0
```

```
#当前有方块的开始行
self.haverow = 29
self.nextBrick = -1
self.shape = 0
self.arr = [[0 for i in range(0,3)] for i in range(0,3)]
self.nextarr = [[0 for i in range(0,3)] for i in range(0,3)]
#使用一个字典将数字与其对应的颜色存放起来
self.color = { 0:0x0000FF, 1:0x00FF00, 2:0xFF0000, 3:0xFFFF00 }
```

以上代码中，__init__ 方法初始化一个二维数组，用于保存屏幕上的网格数据，1 表示这个网格需要被渲染，0 表示不需要，并将这个数组保存到 back 属性中；其他属性大部分为基本参数，self.arr 存储当前游戏区域的方块的网格数据，self.nextarr 存储预览区域的方块的网格数据，self.color 保存方块颜色。注意，方块都是一个 3×3 大小的网格。

drawBack 是对已经下落到底部的方块的渲染，通过循环遍历所有已经固定的方块，根据 back 数组，如果为 0 则渲染背景色，为 1 则渲染蓝色。代码如下：

```
def drawBack(self, rownum):
    for i in range(self.haverow, rownum + 1):
        for j in range(0, self.cols):
            pos = (i, j)
            if self.back[i][j] == 0:
                self.drawgrid(pos, self.bg)
            else:
                self.drawgrid(pos, 0x00FFFF)
    self.haverow += 1
    if self.haverow >= self.rows:
        self.haverow = self.rows - 1
```

drawRect 方法主要用于绘制方块，首先绘制预览区域的方块，双重循环遍历 self.nextarr 数组，并调用父类的 drawpre 方法进行渲染，渲染下一个要显示的方块前，先将当前的位置渲染成背景颜色，并判断是否已经到达边界，如果到达边界则调整坐标值；然后绘制当前正在下落的方块，循环遍历 arr 数组，根据 arr 中的数据进行渲染，如果方块已经到底则改变方块的颜色为蓝色，方块到底之后，更新 back 数组，back 数组中存放当前所有固定的方块的位置；最后调用 removeRow 进行消除判断，调用 isDead 判断游戏失败条件，取下一个方块的数据，更新当前行和列的值。代码如下：

```
def drawRect(self):
    for i in range(0, len(self.nextarr)):
        for j in range(0, len(self.nextarr[i])):
            pos = (i, j)
            if self.nextarr[i][j] == 0:
```

```
                        self.drawpre(pos, self.bg);
                    elif self.nextarr[i][j] == 1:
                        self.drawpre(pos, self.color[self.nextBrick])
        for i in range(0, 3):
            for j in range(0, 3):
                print("oldrow+i=", self.oldrow + i, self.oldcol + j)
                if ((self.oldrow + i) >= self.rows) or ((self.oldcol + j) >= self.cols) or ((self.oldcol + j) < -1):
                    break
                if self.oldcol+j < 0:
                    pos = (self.oldrow + i, 0)
                else:
                    pos = (self.oldrow + i, self.oldcol + j)
                if self.back[self.oldrow + i][self.oldcol + j] == 0:
                    self.drawgrid(pos, self.bg);
        #绘制当前正在运动的方块
        #print(self.curRow,self.curCol)
        if (self.curRow != -10) and (self.curCol != -10):
            for i in range(0, len(self.arr)):
                for j in range(0, len(self.arr[i])):
                    if self.arr[i][j] == 1:
                        pos = (self.curRow + i,self.curCol + j)
                        if self.isDown:
                            if pos[0] < self.haverow:
                                self.haverow = pos[0]
                            self.drawgrid(pos, 0x00FFFF)
                        else:
                            self.drawgrid(pos, self.color[self.curBrick])
        #判断方块是否已经运动到达底部
        if self.isDown:
            for i in range(0, 3):
                for j in range(0, 3):
                    if self.arr[i][j] != 0:
                        self.back[self.curRow + i][self.curCol + j] = self.arr[i][j]
            self.oldrow = 0
            self.oldcol = 0
            #判断整行消除
            self.removeRow()
            self.isDead()
```

```
        #获得下一个方块
        self.getCurBrick()
    else:
        self.oldrow = self.curRow
        self.oldcol = self.curCol
```

getCurBrick 方法第一次调用时，同时随机产生当前的方块和预览方块。当前方块已经落到底之后，则用预览方块替换当前方块，并随机产生新的预览方块，同时更新 nextarr 和 arr 两个数组的数据。代码如下：

```
def getCurBrick(self):
    self.shape = 0
    if self.nextBrick == -1:
        self.curBrick = randint(0, len(brick)-1)
        self.nextBrick = randint(0, len(brick)-1)
    elif self.isDown:
        self.curBrick = self.nextBrick
        self.nextBrick = randint(0, len(brick)-1)
    self.nextarr = brick[self.nextBrick][self.shape]
    #self.curBrick = 3
    #当前方块数组
    self.arr = brick[self.curBrick][self.shape]
    #self.nextarr = self.arr
    self.curRow = -1
    self.curCol = 8
    #是否到底部为 False
    self.isDown = False
```

isEdge 方法主要是判断当前方块是否到达边界，如果到达边界则返回 False。进行形状变换时，如果变换之后超过边界，则更新当前位置为边界-3，从而使变换后的图形仍然在边界内。代码如下：

```
def isEdge(self, direction):
    tag = True
    #print(direction)
    #向左，判断边界
    if direction == 1:
        for i in range(0, 3):
            for j in range(0, 3):
                if(self.arr[j][i]!=0) and (self.curCol + i < 0 or self.back[self.curRow + j][self.curCol + i] != 0):
                    tag = False
```

```
                    break
    #向右，判断边界
    elif direction == 3:
        for i in range(0, 3):
            for j in range(0, 3):
                if(self.arr[j][i]!=0)and(self.curCol+i>=self.colsorself.back[self.curRow+j][self.curCol+i]!=0):
                    tag = False
                    break
    #向下，判断底部
    elif direction == 4:
        for i in range(0, 3):
            for j in range(0, 3):
                if (self.arr[i][j] != 0) and (self.curRow + i >= self.rows or self.back[self.curRow +
i][self.curCol + j] != 0):
                    tag = False
                    self.isDown = True
                    break
    #进行变形，判断边界
    elif direction == 2:
        if self.curCol < 0:
            self.curCol = 0
        if self.curCol + 2 >= self.cols:
            self.curCol = self.cols - 3
        if self.curRow + 2 >= self.rows:
            self.curRow = self.curRow - 3
    return tag
```

　　isDead 方法主要做游戏结束的判断，循环第 0 行，发现有网格已经渲染，则游戏结束。
代码如下：

```
def isDead(self):
    for j in range(0,len(self.back[0])):
        if self.back[0][j]!=0:
            print("GAME OVER")
            text.draw("GAME OVER", 34, 150, 0xFF0000, 0x000000)
            self.start = False;
            break;
```

　　removeRow 方法主要是做行消除的实现，从 0 行 0 列开始循环，发现有为空的网格，
则说明本行没有被填满，不能消除，直接 break；否则，可以消除，从当前行向上到 0 行开

始循环，将方块向下移动，可能存在同时消除多行的情况，处理完 back 数组之后调用 drawBack 方法进行渲染。代码如下：

```
def removeRow(self):
    rownum = 0
    print("removeRow")
    for i in range(0, self.rows):
        tag1 = True
        for j in range(0, self.cols):
            if self.back[i][j]==0:
                tag1 = False
                break
        if tag1 == True:
            print(i, j)
            rownum = i
            #从上向下挪动
            for m in range(i-1, 0, -1):
                for n in range(0,self.cols):
                    self.back[m + 1][n] = self.back[m][n]
    print(rownum)
    if rownum > 0:
        self.drawBack(rownum)
```

onKeyboardEvent 方法处理按键操作，向左，则更改当前列 −1，方向为 1；向上，则更改方块形状；shape+1，方块的方向还是向下，如果 shape 已经到 4 了则变回第一个形状 0，调用 isEdage 进行边界判断，如果到达边界则恢复原始位置。

```
def onKeyboardEvent(self, key):
    keymatch=["Down", "Left", "Up", "Right"]
    #未开始，不必监听键盘输入
    if self.start == False:
        return
    #记录原来的值
    tempCurCol = self.curCol
    tempCurRow = self.curRow
    tempShape = self.shape
    tempArr = self.arr
    direction = -1
    print(keymatch[key])
    if keymatch[key] == "Left":
        #左移
```

```
        self.curCol -= 1
        direction = 1
    elif keymatch[key] == "Up":
        #变化方块的形状
        self.shape += 1
        direction = 2
        if self.shape >= 4:
            self.shape = 0
        self.arr = brick[self.curBrick][self.shape]
    elif keymatch[key] == "Right":
        direction = 3
        #右移
        self.curCol += 1
    elif keymatch[key] == "Down":
        direction = 4
        #下移
        self.curRow += 2
    if self.isEdge(direction) == False:
        self.curCol = tempCurCol
        self.curRow = tempCurRow
        self.shape = tempShape
        self.arr = tempArr
    #self.drawRect()
    return True
```

4．主循环

主循环是游戏的入口，开始后不断循环监听按键输入，并调用游戏类的按键处理方法。代码如下：

```
def brickStart(self):
    while True:
        #需要进行垃圾回收
        gc.collect()
        if self.start == False:
            print("exit thread")
            break
        if self.isDown:
            self.getCurBrick()
        i = 0
        j = -1
```

```
        for k in keys:
            if k.value() == 0:
                if i != j:
                    print("i=", i)
                    print("j=", j)
                    j = i
                    self.onKeyboardEvent(i)
                i = i + 1
                if i > 3:
                    i = 0
        tempRow = self.curRow;
        self.curRow += 1
        if self.isEdge(4) == False:
            self.curRow = tempRow
        #每一秒下降一格
        time.sleep_ms(120)
        self.drawRect()
```

brickStart 方法是主循环，用于获取按键值，调用相关函数处理，并进行边界检测，同时控制循环时间间隔为 120 ms(默认向下移动)。

剩下的就是实例化 Game 类，并调用主函数。代码如下：

```
if __name__ == '__main__':
    game = Game()
    game.brickStart()
```

本 章 小 结

本章主要介绍了 Python 语言中面向对象的编程思想，以及什么是类和对象，重点介绍了面向对象的三大特点：封装、继承、多态。最后通过开发俄罗斯方块游戏，使面向对象的理解更加具体深入。

若要熟练运用面向对象的思想来解决实际问题，需要不断的练习和总结。初学者往往体会不到面向对象的好处，但在实际的大型项目中就会体会到面向对象带来的强大的易维护、适应变化、易复用等诸多优点。

习 题

1. 摆放家具需求：房子有户型、总面积和家具名称列表，新房子开始没有任何家具，购置后，家具有名字和占地面积，其中床占 4 m²、衣柜占 2 m²、餐桌占 1.5 m²。将这三件家具添加到房子中，要求输出户型、总面积、剩余面积、家具名称列表。

2. 需求：士兵瑞恩有一把 AK47；士兵可以开火(士兵开火扣动的是扳机)；枪能够发射子弹(把子弹发射出去)；枪能够装填子弹——增加子弹的数量。

3. 设计一个 Game 类。

属性有：

定义一个属性 top_score，记录游戏的历史最高分；

定义一个属性 player_name，记录当前游戏玩家姓名。

方法有：

show_help：显示游戏帮助信息；

show_top_score：显示历史最高分；

show_game：开始当前玩家的游戏。

第 9 章

网络编程制作表情发送器

9.1　认　识　网　络

21 世纪是一个以网络为核心的信息时代，人们无时无刻不在使用着网络。网络可以非常迅速地传递信息，并且它对社会生活的很多方面以及对社会经济的发展已经产生了不可估量的影响。

9.1.1　互联网概述

计算机网络由多个互连的节点和连接这些节点的链路组成，而这些节点是指计算机、集线器、交换机或路由器等。计算机网络之间还可以用路由器连接，从而构成更大的计算机网络，这样的网络称为互联网。互联网的核心是一系列的协议，称为"互联网协议"。

9.1.2　网络标准和网络协议

网络协议是为计算机网络中进行数据交换而建立的规则、标准或约定的集合。由于网络节点之间联系的复杂性，在制定协议时，通常把复杂成分分解成一些简单的成分，然后再将它们复合起来。最常用的复合技术就是层次方式。不同的协议其层次结构不同，目前主流的体系机构是 TCP/IP 和 OSI，它们之间层次的对应关系如图 9-1 所示。

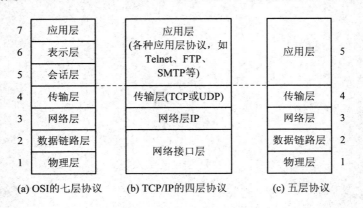

图 9-1　层次对应关系

1. TCP/IP

TCP/IP(Transmission Control Protocol/Internet Protocol)是传输控制协议和网络协议的简称，它定义了电子设备如何连入因特网，以及数据如何在它们之间传输的标准。TCP/IP 是互联网的核心。在应用层中定义了很多面向应用的协议如 FTP、TFTP、HTTP、SMTP、DHCP、Telnet、DNS 和 SNMP 等；在传输层主要有两个协议，即 TCP 和 UDP，这些协议负责流量控制、错误校验和排序服务；在网络层中的协议主要有 IP、ICMP、IGMP、ARP 和 RARP 等，这些协议处理信息的路由和主机地址解析。

2. OSI 协议

开放式系统互连通信参考模型(Open System Interconnection Reference Model，OSI)简称为 OSI 模型。OSI 是七层体系结构，其概念清晰、理论完整，但复杂又不实用。现在广泛使用的是 TCP/IP 体系结构，它是一个四层的体系结构，包含应用层、传输层、网络层和网络接口层。从实质上讲，TCP/IP 只有最上面的三层，因为最下面的网络接口层并没有什么具体内容，因此往往采取折中的办法，即综合 OSI 和 TCP/IP 的优点，采用一种只有五层协议的体系结构，这样既简洁又能将概念阐述清楚，有时为了方便，也可把最底下两层称为网络接口层。

3. IEEE 802

IEEE 802 规范定义了网卡如何访问传输介质，以及如何在传输介质上传输数据的方法，还定义了传输信息的网络设备之间建立连接、维护和拆除的途径。IEEE 802 规范主要包括如下内容：

(1) IEEE 802.1：局域网体系结构、寻址、网络互联和网络的定义。

(2) IEEE 802.2：逻辑链路控制子层(LLC)的定义。

(3) IEEE 802.3：以太网介质访问控制协议(CSMA/CD)及物理层技术规范。

(4) IEEE 802.4：令牌总线网(Token-Bus)的介质访问控制协议及物理层技术规范。

(5) IEEE 802.5：令牌环网(Token-Ring)的介质访问控制协议及物理层技术规范。

(6) IEEE 802.6：城域网介质访问控制协议 DQDB(Distributed Queue Dual Bus，分布式队列双总线)及物理层技术规范。

(7) IEEE 802.7：宽带技术咨询组，提供有关宽带联网的技术咨询。

(8) IEEE 802.8：光纤技术咨询组，提供有关光纤联网的技术咨询。

(9) IEEE 802.9：综合声音数据的局域网(IVD LAN)介质访问控制协议及物理层技术规范。

(10) IEEE 802.10：网络安全技术咨询组，定义了网络互操作的认证和加密方法。

(11) IEEE 802.11：无线局域网(WLAN)的介质访问控制协议及物理层技术规范。

9.1.3 网络设备

信息在网络中的传输主要有以太网技术和网络交换技术，其中网络交换技术使用得非常普遍。

网络交换是指通过一定的设备将不同的信号或者信号形式转换成对方能识别的信号类型，从而达到通信目的的一种交换形式，通常有数据交换、线路交换、报文交换和分组交换。

在网络互联时各个节点都需要使用一个中间设备相连,这个中间设备要实现不同网络之间的协议转换。中间设备有网卡、中继器、网桥、路由器、二层交换机、三层交换机和多层交换机。

网卡:安装在计算机上,是使计算机联网的硬件设备,如图 9-2 所示。

图 9-2　网卡及交换机

中继器:对信号进行再生和还原的网络设备,主要功能是通过对数据信号的重新发送或者转发,来扩大网络传输的距离。

网桥:连接两个局域网的一种存储/转发设备。它能将一个大的局域网分割为多个网段,或将两个以上的局域网互联为一个逻辑局域网。

路由器:网络的主要节点设备,通过路由决定数据的转发。转发策略称为路由选择,这也是路由器名称的由来。作为不同网络之间互相连接的枢纽,路由器系统构成了整个互联网的主体脉络,如图 9-3 所示。

图 9-3　家用路由器和核心路由器

交换机:负责统一网络内的数据帧的转发。交换机根据数据帧的 MAC 地址转发至相应的端口,如图 9-2 所示。

无线技术的使用已经非常广泛,相关的产品有无线网卡、无线 AP、无线网桥和无线路由器等。

9.2　认识 ESP32 芯片

ESP-WROOM-32(ESP32)是乐鑫最新发布的新一代 WiFi&蓝牙双模双核无线通信芯片,

如图 9-4 所示。该芯片集成蓝牙 4.2 和 WiFi HT40 技术，拥有高性能 Tensilica LX6 双核处理器，并支持超低功耗待机。

图 9-4　ESP32 芯片

相比于上一代的 ESP8266，除了突破性地集成了低功耗蓝牙 4.2(BLE 4.2)技术外，ESP32 在性能和功能上也有了显著的提升，它搭载了双核 32 位 MCU，一核处理高速连接、一核独立应用开发。双核主频高达 240 MHz，计算能力高达 650 DMIPS，并且芯片拥有更多的管脚资源。

ESP32 芯片集成了丰富的硬件外设，包括电容式触摸传感器、霍尔传感器、低噪声传感放大器、SD 卡接口、以太网接口、高速 SDIO/SPI、UART、I2S 和 I2C 等，如图 9-5 所示。

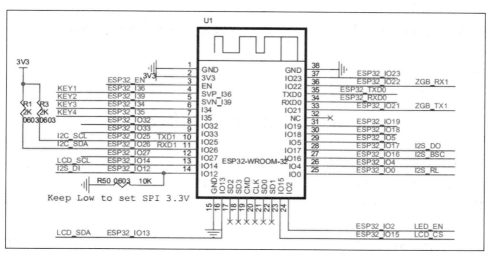

图 9-5　芯片原理图

蓝牙和 WiFi 是 ESP32 的核心功能，它们能共存也是 ESP32 的独特之处。通过 ESP32 进行网络开发是非常好的选择，在 ESP32 上安装 MicroPython 固件，可以使用 Python 语法，运用 Python 进行简单的网络开发。Skids 提供了丰富的 Python 网络接口，便于开发人员进行网络相关的设计开发。

网络相关接口封装在 network 库中，主要用于 WiFi 相关的配置和连接。WiFi 有两种配置模式，一种用于 station(当 ESP32 连接到路由器时)，一种用于热点(access point，用于其他设备与 ESP32 连接)。使用以下指令可创建这些对象的实例：

```
import network
sta_if = network.WLAN(network.STA_IF)        #STA 模式
ap_if = network.WLAN(network.AP_IF)          #AP 模式
```

可使用以下指令检查接口是否有效：

```
sta_if.active()       #True 表示接口有效，False 表示无效
ap_if.active()        #True 表示接口有效，False 表示无效
```

可使用以下指令检查接口的网络设置：

```
ap_if.ifconfig()
#返回值为：IP 地址、网络掩码、网关、DNS
```

配置 WiFi，Skids 连接某个热点实现上网的过程如下：

```
sta_if = network.WLAN(network.STA_IF)          #STA 模式
ap_if = network.WLAN(network.AP_IF)            #AP 模式
if ap_if.active():                             #如果 AP 模式开启了，则先关闭
    ap_if.active(False)
if not sta_if.isconnected():
    print('Connecting to network...')
sta_if.active(True)                            #激活 STA
sta_if.connect(wifi_name, wifi_SSID)           #连接 WiFi 热点，参数为 WiFi 的 SSID 和密码
while not sta_if.isconnected():
    pass
```

9.3　认识 MQTT 协议

MQTT 的全称为 Message Queuing Telemetry Transport(消息队列遥测传输)，它是一种基于"发布/订阅"范式的"轻量级"消息协议，由 IBM 发布。

MQTT 可以被解释为一种低开销、低带宽的即时通信协议，可以用极少的代码和带宽为远程设备提供实时可行的消息服务，它适用于硬件性能低下的远程设备以及网络状况糟糕的环境。因此，MQTT 协议在 IoT、小型设备应用、移动应用等方面有广泛的应用。

IoT 必须连接到互联网，设备才能相互协作，并且才能与后端服务协同工作。互联网的基础网络协议是 TCP/IP，MQTT 协议是基于 TCP/IP 协议栈而构建的，因此它已经慢慢地成为了 IoT 通信的标准。

9.3.1　基本特点

MQTT 是一种发布/订阅传输协议，其基本原理和实现如图 9-6 所示。

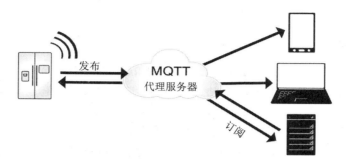

图 9-6　MQTT 的基本原理

　　MQTT 协议提供一对多的消息发布，可以解除应用程序耦合，其信息冗余小。该协议需要客户端和服务端，协议中主要有三种身份：发布、代理、订阅者。其中，消息的发布者和订阅者都是客户端，消息代理是服务器，而消息发布者可以同时是订阅者。消息代理机制实现了生产者与消费者的脱耦。

　　MQTT 使用 TCP/IP 提供网络连续，它可以提供有序、无损、双向的连接，还可以屏蔽消息订阅者所接收到的内容。

　　MQTT 有三种消息发布的服务质量：

　　(1) 至多一次，消息发布完全依赖底层的 TCP/IP 网络，会发生消息丢失或重复。

　　(2) 至少一次，确保消息到达，但消息重复可能会发生。

　　(3) 只有一次，确保消息到达一次。在一些要求比较严格的系统中会使用此级别，确保用户收到且只会收到一次。

　　MQTT 是一种小型的数据传输协议，由于固定长度的头部是两个字节，所以协议交换数据量很小，所耗费的网络流量自然也就很少。

　　目前各大互联网公司开始进军物联网领域，建立物联网平台，而 MQTT 是物联网中相当重要的角色，如图 9-7 所示。物联网环境下，大量的设备或传感器需要将很小的数据定期发送出去，并接受外部传回来的数据，这样的数据交换是大量存在的。

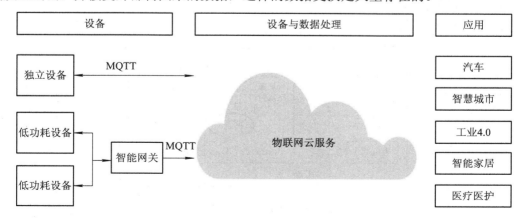

图 9-7　MQTT 物联网的应用

　　MQTT 通过代理服务器转发消息，所以它可以穿透 NAT，类似的协议还有 AMQP、XMPP 等。MQTT 协议里面是按照设备一直在线设计的，数据都是保存在内存里的，所以

MQTT 是比较耗费内存的。

9.3.2 基本概念

MQTT 传输的消息分为主题(Topic)和负载(Payload)两部分。

MQTT 客户端：一个使用 MQTT 协议的设备、应用程序等。它总是建立到服务器的网络连接；可以发布消息(其他客户端可以订阅该消息)、订阅消息、退订或删除消息。

MQTT 服务器：也称为 Broker，是一个应用程序或一个设备，位于发布者和订阅者之间。它接收来自客户端的网络连接；接收客户端发布的应用消息；处理来自客户端的订阅和退订请求；向订阅的客户转发应用程序消息。

主题：连接到一个应用程序消息的标签，该标签与服务器的订阅相匹配。服务器会将消息发送给订阅所匹配标签的每个客户端。

主题筛选器：一个主题名通配符筛选器，在订阅表达式中使用，表示订阅所匹配到的多个主题。

负载：消息订阅者所接收的内容。

MQTT 的工作流程如图 9-8 所示，发布者在某个主题上发布消息到服务端，订阅这一主题的订阅者就会收到服务端发送的相同消息。同时，订阅者也可以是发布者。

MQTT 服务端的工作流程如下：

(1) 接受来自客户的网络连接；

(2) 接收客户发布的信息；

(3) 处理来自客户端的订阅和退订请求；

(4) 向订阅的客户转发其已经订阅的消息。

MQTT 客户端的工作流程如下：

(1) 连接服务端；

(2) 发布消息，其他客户端可能会订阅这些消息；

(3) 订阅其他客户端发布的消息；

(4) 退订或删除消息；

(5) 断开与服务器的连接。

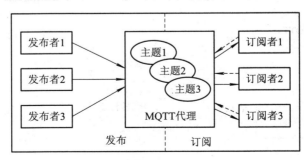

图 9-8　MQTT 的基本流程

9.3.3 基本方法

MQTT 协议中定义了一些方法(也被称为动作)，用来表示对确定的资源所进行的操作。

这些资源可以是预先存在的数据，也可以是动态生成的数据，一般是服务器上的文件或输出。MQTT 的主要方法有：

(1) Connect：等待与服务器建立连接。

(2) Disconnect：等待 MQTT 客户端完成所做的工作，并与服务器断开 TCP/IP 会话。

(3) Subscribe：等待完成订阅。

(4) UnSubscribe：等待服务器取消客户端的一个或多个主题订阅。

(5) Publish：MQTT 客户端发送消息请求，发送完成后返回应用程序线程。

9.3.4　MQTT 协议数据包结构

在 MQTT 协议中，一个 MQTT 数据包由固定报头(Fixed header)、可变报头(Variable header)、负载(Payload)三部分构成。MQTT 的数据包结构如表 9-1 所示。

表 9-1　MQTT 数据包结构

固定报头(Fixed header)	可变报头(Variable header)	负载(Payload)
所有报文都包含	部分报文包含	部分报文包含

固定报头：长度为 8 位，高 4 位是数据包类型(如图 9-9 所示)，低 4 位是标识位。固定报头的第二个字节是剩余长度，用来保存变长头部和消息体的总和大小，但不直接保存。这一字节是可以扩展的，前 7 位用于保存长度，后 1 位是标识位；当最后 1 位为 1 时，表示长度不足，需要另外使用一个字节继续保存。

可变报头：位于固定报头和负载之间，它的内容因数据包类型的不同而不同。例如，CONNECT 的可变报头由四部分组成，即协议名、协议级别、连接标识位、心跳时长。

负载：Payload 消息体为 MQTT 数据包的第三部分，包含 CONNECT、SUBSCRIBE、SUBACK、UNSUBSCRIBE 4 种类型的消息。

报文类型	值	描述
CONNECT	1	客户端向代理发起连接请求
CONNACK	2	连接确认
PUBLISH	3	发布消息
PUBACK	4	发布确认
PUBREC	5	发布收到 (QoS2)
PUBREL	6	发布释放 (QoS2)
PUBCOMP	7	发布完成 (QoS2)
SUBSCRIBE	8	客户端向代理发起订阅请求
SUBACK	9	订阅确认
UNSUBSCRIBE	10	取消订阅
UNSUBACK	11	取消订阅确认
PINGREQ	12	PING请求
PINGRESP	13	PING响应
DISCONNECT	14	断开连接

图 9-9　数据包类型

9.4　消息的发送与接收

通过 MQTT 服务器建立桥梁，连接每个设备使其可以互相通信，因此需要创建一个 MQTT 服务器。

9.4.1　MQTT 服务器的搭建

服务器搭建软件有 emqtt 和 MQTTBox，emqtt 是 MQTT 服务端软件，MQTTBox 是客户端软件。下载地址如下：

emqtt 下载地址：http://www.emqtt.com/downloads；

MQTTBox 下载地址：http://workswithweb.com/html/mqttbox/downloads.html。

下载好后解压 "emqttd-windows7-v2.3.9.zip"，并通过命令提示符启动服务。首先进入到 bin 目录下，然后输入命令 "emqttd.cmd start" 成功启动服务，如图 9-10 所示。

```
D:\emqtt\emqttd-windows7-v2.3.9\emqttd\bin>emqttd.cmd start

D:\emqtt\emqttd-windows7-v2.3.9\emqttd>
```

图 9-10　启动服务

最后在浏览器中输入 http://127.0.0.1:18083，则可以进入服务器页面。

如果提示输入用户名和密码，默认用户名是 admin，密码是 public。也可以通过命令 emqttd_ctl 来设置新的登录用户，命令是 emqttd_ctl admins add <Username> <Password> <Tags>。

停止服务时输入命令 "emqttd.cmd stop" 即可。

安装 MQTTBox，完成后打开，其界面如图 9-11 所示。

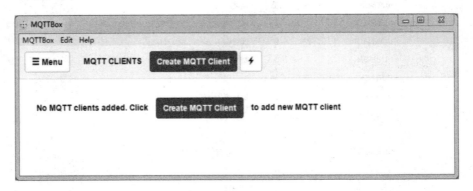

图 9-11　MQTTBox 界面

单击 "Create MQTT Client" 按钮，弹出如图 9-12 所示界面，在 "MQTT Client Name" 中填入信息，在 "Protocol" 下选择 "mqtt/tcp"，并在 "Host" 中填入服务器地址和端口号，MQTT 服务端口号默认是 1883，如图 9-12 所示。

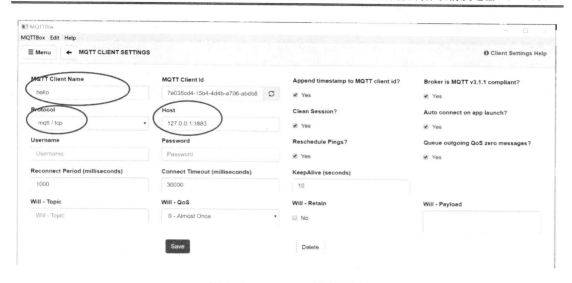

图 9-12　MQTTBox 配置界面

9.4.2　消息的发送与接收

搭建好服务后，可以使用 MQTTBox 测试服务是否可用。首先运行 MQTTBox，弹出如图 9-13 所示界面。单击"Add publisher"按钮在"Topic to publish"窗口中输入"hello"并发布，然后单击"Add subscriber"按钮输入相同的主题并订阅。在左侧的发布者窗口中单击"Publish"按钮，在右侧的订阅者窗口中可以看到对应的信息，如图 9-13 所示。

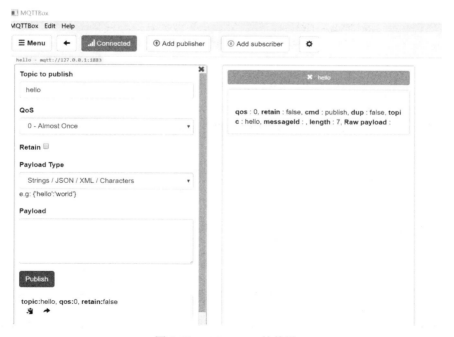

图 9-13　MQTTBox 的使用

上面的例子是客户端自发自收，也可以使用两个客户端进行测试。比如使用 **MQTTBox** 打开两个客户端：客户端 1、客户端 2。客户端 1 添加订阅者，主题为 hello2，客户端 2 添加订阅者，创建的主题同第一个客户端的一样。这样客户端 1 发布主题后(如图 9-14 所示)，在客户端 2 的订阅窗口可以看到客户端 1 的发送信息(如图 9-15 所示)。

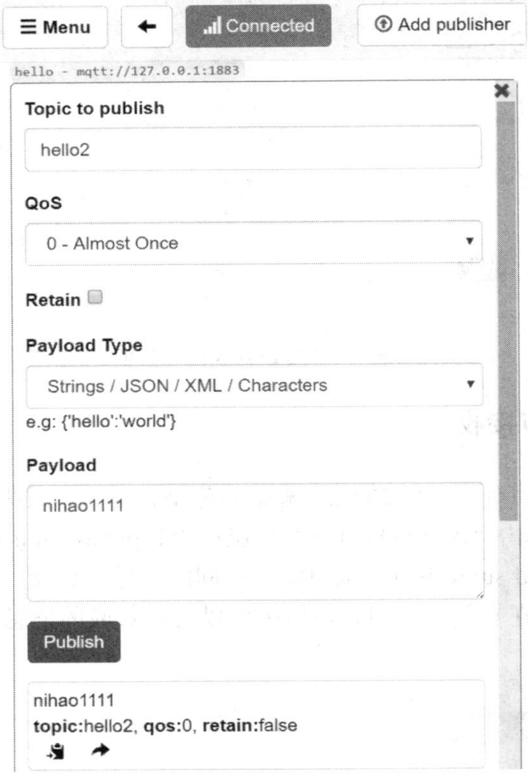

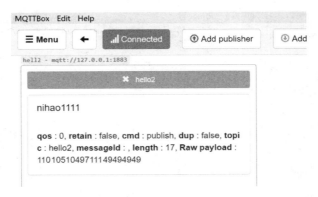

图 9-14　发送方客户端 1

图 9-15　订阅方客户端 2

打开 EMQ 的管理员控制台，可以看到一些相关的统计数据已经发生了变化。例如在 "The messages data" 表格中，"qos0/received" 的值为 1，说明 EMQ 收到了一条 QoS0 的消息；"qos0/sent"的值为 1，表示 EMQ 转发了一条 QoS0 的消息。

【案例 9-1】　使用 Python，编写一个发布者和订阅者在一起的客户端。

分析：使用 Python 编写程序测试 MQTT 的发布和订阅功能。首先要在控制台安装 paho-mqtt 工具，具体命令为：pip install paho-mqtt，并且搭建好服务端程序。客户端代码如下：

```python
import paho.mqtt.client as mqtt
MQTTHOST = IP 地址
MQTTPORT = 1883
mqttClient = mqtt.Client()
#连接 MQTT 服务器
def on_mqtt_connect():
    mqttClient.connect(MQTTHOST, MQTTPORT, 60)
    mqttClient.loop_start()
#publish 消息
def on_publish(topic, payload, qos):
    mqttClient.publish(topic, payload, qos)
#消息处理函数
def on_message_come(lient, userdata, msg):
    print(msg.topic + "" + ":" + str(msg.payload))
#subscribe 消息
def on_subscribe():
    mqttClient.subscribe("/server", 1)
    mqttClient.on_message = on_message_come          #消息到来处理函数
def main():
    on_mqtt_connect()
    on_publish("/test/server", "Hello Python!", 1)
    on_subscribe()
        while True:
            pass
if __name__ == '__main__':
    main()
```

程序启动后会调用 on_mqtt_connect()方法连接服务端。然后在主题"/test/server"发布消息，订阅"/server"主题并设置回调函数 on_message_come 处理收到的消息。

9.5　制作表情互发游戏

前面讲述了什么是 MQTT 协议、怎么搭建 MQTT 服务以及怎么发布和订阅消息，下面将利用 MQTT 服务实现两个设备之间互发表情游戏。我们所要实现的是在任何一个设备上选择一个表情包后选择发送，将信息发布到 MQTT 服务器固定的主题上，订阅了这些主题的其他设备可以收到对方发送的表情。

9.5.1 预备知识

模拟两个用户互发表情，流程如图 9-16 所示。

具体流程为：

(1) 程序启动后，首先进行硬件初始化，主要是对显示屏、按键以及 MQTT 服务进行设置。

(2) 完成硬件初始化后，进行一个无限循环，等待用户按键操作以及接收消息。

(3) 当用户按下按键后，清空原来的焦点，重新在新的表情上画焦点，并判断用户是否单击"发送"按钮。

(4) 更新界面显示。

(5) 等待用户的下一次按键操作。

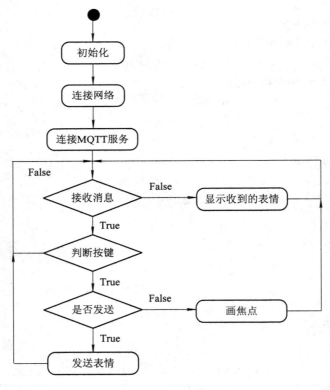

图 9-16　流程图

9.5.2 任务要求

为了保证有较好的用户体验，本项目设计的游戏界面效果如图 9-17 所示。

图 9-17　游戏界面

游戏界面中所罗列的按键 1～4 分别对应 Skids 开发板上的 4 个物理按键，本游戏只使用了 Key1 和 Key3，如图 9-18 所示。

图 9-18　Skids 开发板的按键

游戏界面主要分为两个区域：

(1) 最顶部的区域显示已经发送的表情。

(2) 最下面的区域显示选择的表情。

9.5.3　任务实施

1. 硬件初始化

通过类的构造函数，从而实现对硬件(屏幕显示和按键设置)进行初始化，同时设置配制参数。代码如下：

```
def __init__(self):
    self.keys = [Pin(p, Pin.IN) for p in [35, 36, 39, 34]]
    self.keymatch = ["Key1", "Key2", "Key3", "Key4"]
    self.select = 1
```

```
    self.displayInit()
    self.wifi_name = "wifi 名称"
    self.wifi_SSID = "wifi 密码"
    #MQTT 服务端信息
    self.SERVER = "服务器地址"
    self.SERVER_PORT = MQTT 服务器端口
    self.DEVICE_ID = "设备 ID"
    self.TOPIC1 = b"/cloud-skids/online/dev/" + self.DEVICE_ID
    self.TOPIC2 = b"/cloud-skids/message/server/" + self.DEVICE_ID
    self.CLIENT_ID = "7e035cd4-15b4-4d4b-a706-abdb8151c57d"
    #设备状态
    self.ON = "1"
    self.OFF = "0"
    self.content = ""#初始化要发送的信息
    self.client = MQTTClient(self.CLIENT_ID, self.SERVER, self.SERVER_PORT)
```

在构造函数__init__()中，和 MQTTbox 一样，我们需要设置服务器地址、端口号、客户端名称、发布的主题、订阅的主题、客户端 id，以及需要连接的 WiFi 名称和密码。displayInit()函数可进行屏幕初始化工作，代码如下：

```
def displayInit(self):#初始化
    screen.clear()
    self.drawInterface()
    self.selectInit()
def selectInit(self):                    #选择表情初始化
    screen.drawline(20, 200, 92, 200, 2, 0xff0000)
    screen.drawline(92, 200, 92, 272, 2, 0xff0000)
    screen.drawline(92, 272, 20, 272, 2, 0xff0000)
    screen.drawline(20, 272, 20, 200, 2, 0xff0000)
def drawInterface(self):                 #界面初始化
    bmp1 = ubitmap.BitmapFromFile("pic/boy")
    bmp2 = ubitmap.BitmapFromFile("pic/girl")
    bmp1.draw(20,200)            #显示 boy 图片
    bmp2.draw(140,200)          #显示 girl 图片
    screen.drawline(0, 160, 240, 160, 2, 0xff0000)
```

2. 开始游戏

通过类的成员函数 do_connect()负责连接 WiFi 网络。代码如下：

```
def do_connect(self):
    sta_if = network.WLAN(network.STA_IF)          #STA 模式
```

```
ap_if = network.WLAN(network.AP_IF)          #AP 模式
if ap_if.active():
        ap_if.active(False)                  #关闭 AP
if not sta_if.isconnected():
        print('Connecting to network...')
sta_if.active(True)                          #激活 STA
sta_if.connect(self.wifi_name, self.wifi_SSID)   #WiFi 的 SSID 和密码
while not sta_if.isconnected():
        pass
gc.collect()
```

通过类的成员函数 esp() 负责连接 MQTT 服务。代码如下：

```
def esp(self):
    self.client.set_callback(self.sub_cb)    #设置回调
    self.client.connect()
    print("连接到服务器：%s" % self.SERVER)
    self.client.publish(self.TOPIC1, self.ON)    #发布 "1" 到 TOPIC1
    self.client.subscribe(self.TOPIC2)       #订阅 TOPIC
```

通过 start() 类成员函数开始程序。代码如下：

```
def start(self):
    try:
        while True:
            self.client.check_msg()          #检查是否收到信息
            i = 0                            #用来辅助判断哪个按键被按下
            j = -1
            for k in self.keys:              #检查按键是否被按下
                if (k.value() == 0):         #如果按键被按下
                    if i != j:
                        j = i
                        self.keyboardEvent(i)    #触发相应按键对应的事件
                i = i + 1
                if (i > 3):
                    i = 0
            time.sleep_ms(130)
    finally:
        self.client.disconnect()
        print("MQTT 连接断开")
```

3. 处理用户按键事件

当用户按下按键后，类的成员函数 keyboardEvent() 负责进行具体的处理。在该函数中，首先判断游戏按下的是 Key1 还是 Key3。如果是 Key1，则重新画焦点框；否则，Key3 发送表情。

```python
def keyboardEvent(self, key):
    if self.keymatch[key] == "Key1":          #右移键，选择要发送的表情
        if self.select%2 == 1:                #用红色框选中 boy 表情
            screen.drawline(20, 200, 92, 200, 2, 0xffffff)
            screen.drawline(92, 200, 92, 272, 2, 0xffffff)
            screen.drawline(92, 272, 20, 272, 2, 0xffffff)
            screen.drawline(20, 272, 20, 200, 2, 0xffffff)
            screen.drawline(140, 200, 212, 200, 2, 0xff0000)
            screen.drawline(212, 200, 212, 272, 2, 0xff0000)
            screen.drawline(212, 272, 140, 272, 2, 0xff0000)
            screen.drawline(140, 272, 140, 200, 2, 0xff0000)
            self.select += 1
        else: #用红色框选中 girl 表情
            screen.drawline(140, 200, 212, 200, 2, 0xffffff)
            screen.drawline(212, 200, 212, 272, 2, 0xffffff)
            screen.drawline(212, 272, 140, 272, 2, 0xffffff)
            screen.drawline(140, 272, 140, 200, 2, 0xffffff)
            screen.drawline(20, 200, 92, 200, 2, 0xff0000)
            screen.drawline(92, 200, 92, 272, 2, 0xff0000)
            screen.drawline(92, 272, 20, 272, 2, 0xff0000)
            screen.drawline(20, 272, 20, 200, 2, 0xff0000)
            self.select += 1
    if self.keymatch[key] == "Key3":#发送表情按键
        if self.select%2 == 1:                #显示已发送 boy 表情
            bmp1=ubitmap.BitmapFromFile("pic/boy")
            bmp1.draw(140,40)
            self.content = "001"
            self.client.publish(self.TOPIC2,self.content)
        else: #显示已发送 girl 表情
            bmp2 = ubitmap.BitmapFromFile("pic/girl")
            bmp2.draw(140,40)
            self.content = "002"
            self.client.publish(self.TOPIC2,self.content)
```

4. 接收到服务器的消息

通过类成员函数 sub_cb()处理服务器的消息。代码如下：

```
def sub_cb(self,topic, message):          #从服务器接收信息
        message = message.decode()
        print("服务器发来信息：%s" % message)
        #global count
        if message == "001":              #收到 boy 表情号码显示 boy 表情
            bmp1 = ubitmap.BitmapFromFile("pic/boy")
            bmp1.draw(140,40)
        elif message == "002":            #收到 girl 表情号码显示 girl 表情
            bmp1 = ubitmap.BitmapFromFile("pic/girl")
            bmp1.draw(140,40)
```

实践练习：

(1) 修改按键的处理规则，使 Key2 处理上下移动操作。

(2) 增加表情数量。

本 章 小 结

本章主要介绍了网络的基础知识、ESP32 芯片的功能，以及 MQTT 协议以及其使用方法，最后通过制作表情互发游戏深入讲解了在 Skids 开发板上如何开发 MQTT 协议的网络程序。

网络开发是 Python 的基础应用，它和 MQTT 协议的使用频率也非常高，希望读者多加以理解，并熟练掌握它们的使用。

习　题

1. 将猜拳游戏修改为网络版本，使两个设备可以通过 MQTT 实现互动，并显示出输赢结果。

2. 实现掷骰子游戏，两个设备互相发送自己的个数给对方，并显示出输赢结果。

参 考 文 献

[1] Eric Matthes. Python 编程从入门到实践. 北京：人民邮电出版社，2016.

[2] 李佳宇. Python 零基础入门学习. 北京：清华大学出版社，2016.

[3] Mark Summerfield. Python3 程序开发指南. 北京：人民邮电出版社，2015.

[4] 徐志，江饶晨，徐红，等. MicroPython 用于单片机实验教学新模式的设计与研究. 计算机教育，2019(3)：164-168.

[5] 嵩天，黄天羽，礼欣. Python 语言：程序设计课程教学改革的理想选择. 中国大学教学，2016(02)：42-47.

[6] 狄博，王晓丹. 基于 Python 语言的面向对象程序设计课程教学.计算机工程与科学，2014，36(S1)：122-125.